鼎祥

DINGXIANG
JADEITE

探索翡翠的奥秘

DINGXIANG TANSUO FEICUI DE AOMI

李勇 编著

中国地质大学出版社有限责任公司
ZHONGGUO DIZHI DAXUE CHUBANSHE YOUXIAN ZEREN GONGSI

图书在版编目(CIP)数据

鼎祥——探索翡翠的奥秘/李勇编著. —武汉:中国地质大学出版社有限责任公司,2011.6

ISBN 978-7-5625-2605-6

Ⅰ.①鼎…

Ⅱ.①李…

Ⅲ.①翡翠-基本知识

Ⅳ.①TS933.21

中国版本图书馆 CIP 数据核字(2011)第 050215 号

鼎祥——探索翡翠的奥秘 李 勇 编著

责任编辑:张 琰 选题策划:阎 娟 张 琰 责任校对:张咏梅

出版发行:中国地质大学出版社有限责任公司(武汉市洪山区鲁磨路 388 号) 邮政编码:430074

电 话:(027)67883511 传 真:(027)67883580 E-mail: cbb@cug.edu.cn

经 销:全国新华书店 http://www.cugp.cug.edu.cn

开本:787毫米×960毫米 1/16 字数:246千字 印张:12

版次:2011年6月第1版 印次:2011年6月第1次印刷

印刷:荆州鸿盛印务有限公司 印数:1—3 000册

ISBN 978-7-5625-2605-6 定价:52.00元

袁心强教授：中国地质大学（武汉）珠宝学院博士生导师，曾任珠宝学院院长（1997－2009），兼任全国珠宝质量检验师执业资格考试专家委员会委员，中国宝玉石协会教育专业委员会副主任委员，湖北省宝玉石协会副会长，CEMNI千年珠宝旗下品牌"鼎祥翡翠"的品牌顾问等社会职务。主要研究方向有宝石学理论研究、珠宝测试技术研究、珠宝工艺技术研究等。已出版《应用翡翠宝石学》，《翡翠宝石学》，《钻石分级的原理和方法》等专著。

Xu 序

2010 年，在南京一次珠宝品鉴会上，千年翠钻（香港）珠宝集团总裁李勇先生告诉我，他准备出一本书，记录这些年他与翡翠的点滴，并邀我作序。作为其集团子品牌鼎祥翡翠的品牌科技顾问，又和李勇先生因翡翠而结缘，欣然应允。

作为喜好翡翠的学者，在筹划翡翠宝石学教育与研究之余，也热衷结交爱翠之人、懂翠之人，喜欢翡翠知识的传播，对于李勇先生著此书深表支持。李勇先生不仅让企业成长为中国珠宝首饰业驰名品牌以及中国 500 最具价值品牌，在从商之余，对翡翠还深有研究，创立了翡翠品牌——鼎祥，并将所收藏的翡翠珍品制成书册，发扬翡翠文化，让更多的人了解翡翠。

《鼎祥——探索翡翠的奥秘》一书，李勇先生以其从商的经历的体验，以及对翡翠的所见所闻，汇集 300余幅精美图片，用独特的图说方式，以图品鉴、以文品识，从翡翠起源与发展、翡翠文化、翡翠鉴定知识、翡翠分级及评价这四个方面，详细分析了翡翠收藏、投资、馈赠的方方面面，深入浅出地解读了翡翠的奥秘，揭开它神秘的面纱。

在玉石的国度中翡翠堪称玉石之王，其稀少的产量、通透莹彻的质地与鲜艳欲滴的美色等诸多品质群集一身，一直具有保值、投资等作用，成为身份、地位的象征。在鼎祥翡翠刻意添加了时尚、潮流印记之后，又成为了标志人们美好生活的符号和吉祥物，成为翡翠的精品，令人爱不释手。

在与李勇先生及其所创建的品牌鼎祥翡翠（wishjade）的接触过程中，确实感受到他对于翡翠的喜爱与尽心。鼎祥不仅发扬中华悠久玉石传统，融当代人文审美风格，采造物恩赐，纳天地灵运，还借独具匠心的艺术设计及精湛雕制工艺赋予翡翠饰品全新风貌。他曾经告诉我从翡翠的源头缅甸帕敢，到佩戴翡翠的消费者身边，每一块鼎祥翡翠都经历了采集、分拣、切割、分类、设计、雕刻等几十道严谨的工序，每块翡翠都倾注了勤奋、灵感与巧思。这些环节，对于至臻完美的精品鼎祥翡翠而言，都不可或缺，使翡翠所蕴藏的运道得以尽情展现，要把鼎祥翡翠所蕴含的运道带给更多喜爱翡翠的人，我想，这也是他要著书的初衷吧。

鼎祥翡翠品牌科技顾问

中国地质大学（武汉）珠宝学院教授　袁心强

2011年5月10日

鼎祥® DINGXIANG 翡翠

Contents 目录

1

第一章 翡翠起源与发展/1

第二章 翡翠文化/59

第三章 翡翠鉴定知识/103

第四章
翡翠分级及评价/139

鼎祥® DINGXIANG 翡翠

Diyizhang

Feicui Qiyuan yu Fazhan

第一章 翡翠起源与发展

第一节　翡翠史话

翡翠是重要的玉石品种，无论是价值还是市场的普及率都位居众玉石之首。关于这种产于缅甸、以硬玉为主要矿物成分的玉石为何称为“翡翠”，翡翠又是何时、以何种方式传入中国的，有很多说法。翡翠在中缅边境的贸易明清时期就已相当繁盛，清王朝对翡翠的喜爱又让翡翠成为了一种至今仍然流行的时尚。

一、翡翠名称由来

翡翠一词由来已久，汉朝许慎编著的中国最早的字典《说文解字》中就有了这

与翠鸟毛色相近的翡翠

翠鸟

上世纪出土的
乾隆朝翡翠手镯

个词，“翡，赤羽雀也。翠，青羽雀也。”同时，在《后汉书·班固传》中《异物志》也有记载，“翠雀形如燕，赤而雄曰翡，青而雌曰翠，其羽可以饰帷帐。”可见，“翡翠”一词最早在汉朝出现时可能表示一种鸟类。

那么，“翡翠”一词作为玉石名称又是从何时开始的呢？据文献资料看，似乎最早也是出现在汉朝，班固《西都赋》中有“翡翠火齐，流耀含英。悬黎垂棘，夜光在焉”的诗句；张衡《西京赋》中有“裛以藻绣，文以朱绿，翡翠火齐，络以美玉。流悬黎之夜光，缀随珠以为烛”的诗句。这里的火齐在旧时指的是水晶，从前后文意看，与水晶并列的翡翠应该也是指一种宝玉石。此外，据汉朝《华阳国志·南中志·永昌郡》记载，永昌及属县产物众多，有“黄金、光珠、琥珀、翡翠、蚕桑、猩猩、琉璃、轲虫、蚌珠”等，此处光珠、琥珀为珠宝玉石，翡翠与其并列，亦可以推测“翡翠”的含义应该不是颜色或鸟类，而是珠宝类了。

除了文字记载，墓葬文物中出现翡翠的最早年代亦为汉朝。1968年在河北省满城县出土了一件“作马蹄形，两侧饰浮雕式对兽两只，中嵌兽头形翡翠”，年代考证为约公元前100年的中山靖王刘胜墓。1974年5月，吉林大安渔场汉墓中发掘出一件翡翠文物，其报告称“翡翠饰一件，圆角长方体，光滑细腻，呈悬乳状纹理，一面有瑕。”1976年吉林省永吉县星星哨水库“石棺”汉墓中亦有翡翠出土，文物

和田玉碧玉手镯

报告称“翡翠坠二件、形似扁球，一端有两面对钻的孔”。不过需要指出的是，这里提到的三件文物都是由考古专家断定为“翡翠”的，未经矿物成分测试。如果定名确实无误，那就可证实翡翠最早使用时间为汉朝。此后，西安南郊何家村发掘的唐朝某王府旧址的地窖内见部分宝玉石，据戴应新先生在《关于<何家村出土医药文物新证>一文的讨论》中介绍，出土“翠玉六块”。翡翠在当时十分稀有，可谓是帝王家中物。这种情况一直延续到明朝，在明定陵中甚至没有出土任何翡翠饰品。不过，明朝时期翡翠的概念非常明确，翡翠已写入皇后服饰定制之中。据《明史·舆服志》记载，“皇后冠服”项下有“其冠，贺匡冒以翡翠”，“皇后常服”项下有“首饰、钏镯用金玉、珠宝、翡翠”。

总之，“翡翠”一词的含义，从最开始的颜色、鸟类，到后来指代珠宝玉石，再到现今专指硬玉类的玉石，有着漫长的演变过程。从历史上看，缅甸产出的翡翠在中国大规模流行是从清朝乾隆时期开始的，于是关于“翡翠”的名称由来又有一种说法，认为当时中国出产的和阗玉称为翠玉，而缅甸硬玉流入云南一带时被人们分辨出这不是中国的和阗玉（即翠玉），随之称其为“非翠”，时光流逝，“非翠”就逐渐演化成“翡翠”了。

但归根结底，“翡翠”一词作为商业名称，现在是指具有工艺价值和商业价值，达到宝石级的硬玉岩和绿辉石岩的总称，“翡”单用时是指各种深浅的红色、黄色翡翠；“翠”单用时是指各种深浅绿色的翡翠，高品质的绿色翡翠一般称之为“高翠”。如果从岩石学的角度来看，翡翠是一种岩石，它是由硬玉、绿辉石为主要矿物成分的辉石族矿物组成的矿物集合体，是一种硬玉岩或绿辉石岩，常伴生有一些其他矿物如长石类、辉石类、闪石类等。在我国民间，翡翠被定为五月份的生辰石，是幸运和幸福之石，翡翠在华人心目中有着非常特殊的地位。

二、翡翠传入中国

翡翠虽很早就见于记载，但直到清朝才开始大量出现，这种产于缅甸北部的美玉传入中国还有一个美丽的传说。相传13世纪时，云南商人常从缅甸一带运木材、香料、盐等回中原，一次经过乌龙河时由于骡子驮的驮子不平衡，商人便顺手在路边捡起一块石头，压在马驮的一边来保持平衡。无意中将一块翡翠巨砾带回了云南，放在马厩里经骡子反复蹬踏露出了绿色，才被人发现是一块晶莹剔透的玉石，从此，翡翠被人们发现，并在18世纪开始大量从缅甸运往中国。

缅甸马帮和驿站

这些传说说明，翡翠最有可能是沿着西南丝绸之路传入中国的。关于这一点，学者们有众多的讨论。英国历史学家李约瑟在《中国科学技术史》中认为："在18世纪之前，中国人不知道硬玉这种东西，以后，硬玉才从产地缅甸经云南输入中国"。近来，许多翡翠研究者也对这一问题进行了积极的探索，张竹邦在《翡翠探秘》一文中认为："孟拱的玉石开采到元代臻于兴盛时代"。马罗刚、蔡汉伦在《中国宝石》的"翡翠溯源"一文中认为，"翡翠发现并进入贸易领域的时间上限不可能在元朝，更不可能提前……发现翡翠的年代在500年以上的说法是可靠的"。牛秉钺先生在其《翡翠史话》一书中则认为"周朝时有翡翠，汉朝时也有翡翠……但是直到明朝末年还是鲜见的稀有宝物……翡翠制品在我国盛行，是清朝的事了。"

总之，翡翠产自缅甸，大量开发使用在中国已是不争的事实。我们可以沿着中缅的贸易史来探索翡翠传入中国的历程。汉朝时期，西南丝绸之路被称为"蜀身毒道"，即古蜀通往身毒（印度）的道路，其东起古蜀都，西至印度，郡县相连、驿路相接。后来，汉朝将势力扩展到滇西边境，在那里设立了永昌郡（郡址在今保山）。永昌郡不但是汉王朝统治西南

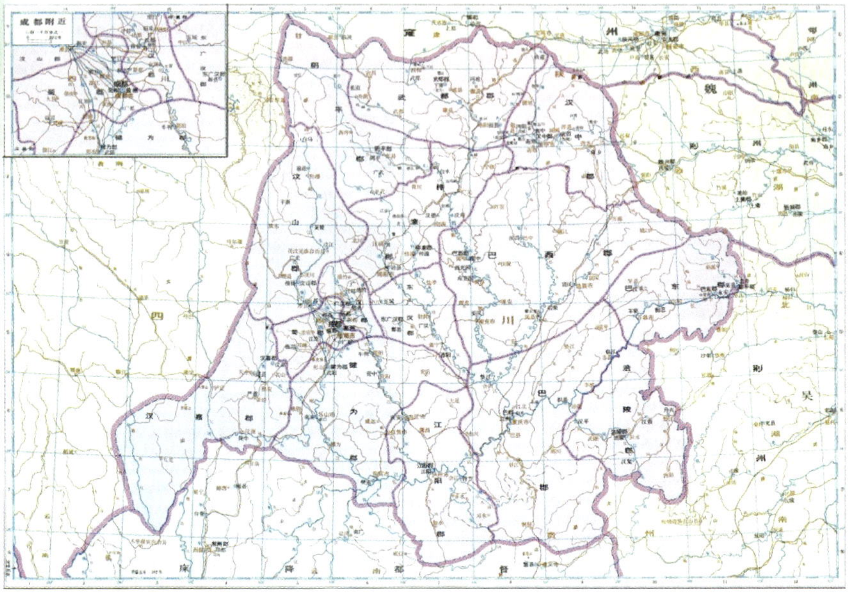

“永昌郡”

部的政治文化中心，而且也成为了东西方经济文化交流的一个大枢纽，南来北去的物品，多由此集散转运。

《华阳国志·南中志·永昌郡》中记载，永昌及所属县产物众多，其中有“黄金、光珠、琥珀、翡翠、蚕桑、琉璃、蚌珠等”，其实这些均非永昌郡辖区所产，足见当时西域印度、缅甸的物产已大量流入永昌。唐朝时期，中央王朝势力已不能直接控制滇地，在中央王朝与缅甸间出现了长达数世纪的强盛政权南诏，南诏不但将永昌郡纳入版图，还将势力范围扩大到缅北地域。当时，吐蕃、南诏与唐王朝成三足鼎立之势，西南丝绸之路的传输中心已从永昌转移至大理，蜀印两地商贾的贸易虽受限制，但仍通畅可达。

三、民间翡翠贸易

在明清以前，中国民间的翡翠贸易零散而不成规模，直到明末清初，

李琮璐家系与清末豪门李鸿章家族有着密切的联系

乾隆皇帝，自该朝始，缅甸使者携翡翠制品频繁出入清皇室及豪门

翡翠贸易进一步扩大。清乾隆进士檀萃所著的《滇海虞衡志》中记载，"玉自南金沙江来，昔为腾越所属，夷人采之，估客随意贸之，运至大理及滇省(指昆明)，皆有作玉坊，解之见翡翠，平地暴富矣！其琢成器皿，无所小备，而如意为大，且以充贡。"书中还说，"玉器物，名类最多，大理玉匠治之，省城玉匠治之，大则玉如意，或长一尺、二尺。次则圭、璧、璋、琮。其他仙佛形象无不具。一切盘、碗、杯、彝、文玩尤佳，玉扳指、玉手圈，官吏无不戴之。女钏同男，或一手双钏以为荣，而玉烟袋嘴则遍街，虽微贱吃烟，亦口街玉嘴，至于耳坠，帽花之细，又不足论者。其滥于用器如此。"可见当时用玉的广泛性、多样性且已大量用于民间及普通百姓。

无独有偶，在缅甸翡翠商人圈子里还流传着许多华人经营翡翠发家致富的商业传奇，清道光年间随马帮进入缅甸的徽商李琮璐就是其中之一。

李琮璐，字宪璧，原籍安徽桐城人，祖上自清顺治年起世代为宦，其父为云南通政史藩司，李琮璐为家中次子，有二兄，长兄为云南矿臬台，仲兄为云南大理漕运道台，李琮璐其人因乡试屡不中而从商。以缫丝生意起家，生意遍及华中、华南，与晋商亦多往来，在一次与缅甸商人合作的过程中发现翡翠商机，便随马帮进入缅甸。因其家族在云贵及边境为官多年，颇有门路，兼李琮瑢其人为人豪爽干练，通过拜把兄弟等方式，迅速与当地土司、头人建立了合作关系，控制了缅甸北部雾露河上游地区（大约现今缅甸帕敢附近）部分优质翡翠矿口，其开采的翡翠石料品质上乘，种色皆佳，加之其人长于运筹，注重信誉，渐渐成为圈内颇有影响力的翡翠巨贾。

翡翠原石交易鱼龙混杂，良莠难辨。随着经营规模的扩大，为确保商誉，李琮瑢后人在缅甸创立“乌瓦迭”（中文“一言九鼎”之意）商号，后来随着与国内交易的频繁，又创立了“鼎祥”商号（后以避讳，改“鼎”为“定”）。

缅甸贡榜王朝第二任君主囊道基（Naundawgyi）继位时，帕敢当地土司曾请巧匠雕刻极品鼎祥翡翠作为贺礼，该翡翠后被视为祈福之物奉于“曼德勒”皇宫。作为清朝的藩属，贡

鼎祥翡翠模特佩戴首饰图

榜王朝当权者也时常以翡翠进献清朝皇室，结交清朝重臣，而鼎祥翡翠时常在此列。

清朝后期缅甸局势动荡，翡翠开采受到严重影响，很多翡翠商人被迫转投其他产业，得益于在当地长期经营打下的牢固根基，鼎祥翡翠经营虽受冲击，却能保旗号不倒。20世纪末，千年翠钻(香港)珠宝集团涉足翡翠产业，鼎祥归属旗下，成为专营高品质翡翠的珠宝品牌，并被融入了更多当代时尚风格，鼎祥翡翠的发展从此掀开崭新一页。

正在进行翡翠毛料交易的腾冲某市场

在宣统年间，昆明城内户口6 127户，人口71 614人，其中玉器铺就有107户，金器铺137户，银器铺192户，金银珠宝行业相当兴盛。特别是玉雕翡翠业占到高达1.1%的比例，在全国都是少见的。

罗养儒先生著的《纪我所知集》中，记录了旧时昆明翡翠加工的情形，"能目睹者，惟光绪十年后之一切景象耳。珠市桥诚是一处售卖珠宝玉器的市场，是时的珠宝玉器多而且贱，在此一市场上玉器铺只有二三十间，还有些腾越客挟些珠玉来，以无力开铺，遂在此一段街上摆摊售卖。有玉石行，是专售玉石者。玉器铺是专售一切佩戴之珠玉物件，及珊瑚、琥珀、玛瑙、碧玺等类所制之物品。有车玉铺，是代人琢磨玉手镯、玉戒指及簪子、耳环等类物品者。有雕玉行，此一行道是代人雕携小型玉器，如小孩帽上之五老三星，妇人勒上之八宝、蝙蝠。"乾隆、嘉庆年间，云南腾冲玉石商和玉石工匠组成了"宝货行"公会，于道光元年(公元1821年)捐资建盖了"白玉真人"祖师殿一所。到了民国初年的"宝货会馆"就有专营珠宝玉石的会员3 000余人。由于有众多的翡翠玉器加工作坊以及对翡翠开采、鉴别、加工、销售的丰富经验，腾冲在较长时间内基本垄断了翡翠的经销权。到了20世纪初，翡翠产区找矿和经商的汉人反而比当地缅甸人更多了，使大量的翡翠可源源不断地输入中国内地。

四、翡翠时尚兴起

翡翠在中国得以广泛流传还和清王朝的皇家贵族嗜好有关。清朝时，缅甸八莫建有税局，翡翠开采成为专门的行业，除质量上乘的贡献给本国国王，大部分卖给了我国云南和广东商人，这些商人将翡翠不断运往北京、广东等皇家贵族、达官富商云集的地方。当时的封建王朝社会崇尚奢侈，讲究排场，官员帽顶的翎管、胸前的朝珠、手上的扳指都希望配高品质的翡翠，以便在众目之下主人的身份不低于别人。

另外朝廷送礼、贿赂风行，为避人耳目，翡翠是最适宜的礼品，这也

清代翡翠扳指

清代翡翠朝珠

促进了清朝翡翠业的兴旺。尤其是权倾一时的慈禧太后，最喜欢翡翠玉器，经常向粤海关索要翡翠别子、簪子和戒指等首饰。为了讨好慈禧太后，湖广总督张之洞不顾同仁之情，借口“与义和团有嫌”，将告老还家的老京官满门抄斩，实为夺取老京官不肯割爱的一块优质翡翠。之后，张之洞将其做成降魔杵献给慈禧太后作为七十大寿寿礼，据说慈禧太后临终前仍捧在手中。

与此同时，缅甸国王从清康熙年（1662年）恢复向朝廷进贡，缅甸国王不断将翡翠献上朝廷。在《光绪·云南通志》的记载中，缅甸国王就曾进贡二十余次，贡品有大象、檀香、红宝石、蓝宝石、玉石等。翡翠从清朝中叶的乾隆年间开始得到重视，到清朝末年达到顶峰，清朝皇家对翡翠的嗜好引发了整个社会对翡翠的追求，现在传世的翡翠古旧器物也多为这个时期的产物。

20世纪50年代至60年代，国家建设伊始，外汇极为困难。国家指定中国进出口总公司在云南收购藏于民间的旧翡翠饰品，以出口换汇弥补困难之需。除北京、广东派专人到云南收购外，云南外贸也组织收购队伍到昆明、腾冲、大理、红河等地收购，用极低的价格从民间收购了大批量的明清至民国的翡翠手镯、朝珠、挂件等，每月可收购80万元人民币的货源，在当时经济困难、生产不发达、人民收入低下、生活困难的情况下，已经是一个天文数字。收购的翡翠饰品经挑选后用木箱、麻袋封装后调往北京、广州出口换汇，利润可观。当时200至300元人民币收购的翡翠饰品，可出口换汇上万美元。由此可见，翡翠在中国确实鼎盛一时，并长久不衰。

第二节　翡翠原料开采

珠宝玉石作为矿产，是不可再生的资源，而有着“玉石之王”美称的翡翠，主要产在缅甸北部克钦邦的帕敢－度冒一带。虽然在危地马拉的Motagua谷地中央、日本、俄罗斯Borus山和西萨彦岭西部、哈萨克斯坦靠近巴尔喀什湖Itmurunby山等地都有发现翡翠矿床，但是翡翠的质量及产量都不如缅甸，没有商业价值。缅甸是世界上优质翡翠的产地，其翡翠产出量占全世界95%以上，被誉为“翡翠王国”。

一、缅甸翡翠开采历史

缅甸翡翠开采始于何时一直无确切的考证。英国勃朗氏认为，翡翠是13世纪由中国云南驮夫发现；腾冲华侨先辈尹子章、尹子鉴先生的《芸草合编》中记载，“缅甸玉石于1443年为当地土人从被冲刷河床中发现，后来华侨也发现几处玉矿，遂取之，拿到三亚拱（现密支那）与腾越边民交易。”但从历史文献及出土文物来看，翡翠的开采可能比较早，汉朝就有零星开采。

缅甸翡翠开采早期，多有翡翠原料散落于矿坑周围，可见储量之丰沛

在1885年英国侵占缅甸之前，盛产玉石的孟拱是“滇省藩篱”封赠的土司地，属中国版图，由腾冲越州管辖，故有史书《滇黔记游》记载，“腾越出碧玉”。那时开采玉石属民间活动，并被要求将美玉作为贡品献给中央王朝。英国侵占缅甸之后，将孟拱划入缅甸。因玉石矿山地域宽阔，难于管理，偷漏税较多，而英国殖民者又不便自己开采，就采用包税的办法，将玉矿的税收招商投标，名为“叫岗”。叫岗一次，期限三年，自负盈亏，抽税的方法是按估价数的10%收取，招商中标者基本都是华人，此方法沿用了几十年。1942年5月至1945年8月日

本占领缅甸，缅甸成了二战的战场，翡翠开采几乎停止。

缅甸独立以后，相当长时期内翡翠开采仍沿袭英国人的老办法，玉石的开采和贸易则依然多由华人控制，产品行销国内外。直到1966年2月，缅甸政府不准私人开采翡翠，而由矿业部及地质勘探生产公司开采，所采玉石由贸易部下属第十九公司专门收购，从此玉石产量大幅度减少。1969年实行国有化政策后，矿业部规定与玉石有关的勘探、开采、拥有、运输、买卖等一切业务均归国家经营，由矿产资源勘探公司玉石矿计划委员会负责开采、经销。1988年军政府接管政权以后，决定在巩固国营企业的前提下，给私人工商业者较多的自由，但宝石的开采权仍控制在政府手中。1989年3月颁布的《缅甸国营经济企业法》中规定国家的经济命脉如珠宝、玉石、柚木、石油和金属矿的勘探、开采和出口只能由政府的国营企业主管。尽管缅甸政府制定了一系列有关宝玉石的政策、法规，但是长期以来，大部分玉石产区仍控制在克钦独立军手中。他们不但进行直接开采和经营，而且控制了通往中国云南边境的通道，缅甸政府只控制了少量产区，能拿到的货源只占玉石产量的20%，所以难以真正控制翡翠的开采和销售，对私人经营翡翠只能听之任之。

后来，政府通过多次与克钦军谈判，达成了共同管理翡翠资源的开发和发展国家经济的一致意见，于1994年2月与克钦军签订了正式和谈协议，明确了翡翠矿产的开采由国家矿产部批准，个人可以参加国家级珠宝展销会（公盘），拍卖翡翠原料和成品。表1－1是20世纪缅甸翡翠产量表。

表1-1　20世纪部分年份缅甸的翡翠产量

年份/年	产量/kg	年份/年	产量/kg
1914	4 720 005	1982–1983	130 695
1921	194 565	1989	132 000
1922	378 828	1990	660 000
1932–1939	100 625/平均每年	1991	242 000
1949	1 089.87	1992	101 000
1952	43 044	1993	145 000

由于长期的计划经济以及国内不安定因素的影响，再加上税收太高，官方汇率与民间汇率相差悬殊等原因（官方汇率1美元=6.3缅币；民间汇率1美元=110缅币），缅甸所产宝玉石大部分都流落到国外，政府只能得到一小部分。翡翠外运通道主要有两条：一条从和井经曼德勒（瓦城）进入泰国的清迈，另一条从和井进入中国云南。由于中国关税较高，大量高档翡翠毛料流向了清迈，其中一度缅甸翡翠总产量的70%在清迈成交，使得清迈这个十几年前荒凉小镇成为了世界上最大的翡翠毛料市场。

掩映在一片浓荫之下的缅甸曼德勒

大马坎场区的原石

泰国清迈，有佛国明珠之称，这里也是重要的翡翠毛料市场

缅甸仰光宝石交易会现场

仰光不仅是缅甸著名城市、佛教圣地，更是宝石交易的重要场所

近年来，闭关锁国多年的缅甸开始对国内经济政策做出一些变革。缅甸政府意识到缅甸是世界上优质翡翠的唯一产地和优质红宝石、蓝宝石的著名产地，应把宝玉石的资源优势控制在自己手中，仅凭出售资源和初级产品毕竟不是长久之计。而且宝玉石为一次性资源，大力开采之后将面临枯竭的危险，因此缅甸政府已经开始控制宝玉石的产量，积极开展宝玉石的深加工，限制初级产品的出口量，科学、合理地利用资源。

自1996年以来，缅甸政府加大了改革开放的力度，除每年定期在仰光举办拍卖会外，还允许商人直接进入缅北重镇曼德勒（瓦城）进行宝玉石买卖，从而减少了中间环节，带动了翡翠贸易的发展。

二、缅甸翡翠矿区简介

翡翠矿呈带状分布，不同地段开采出不同质量的玉石，便形成不同的场口、坑口，所谓“场区”是玉石行的一句行话，即指某类玉石产出的地区，每个“场区”又分许多“场口”。缅甸翡翠矿床从北到南可分为三个矿带。

最西北边为后江－雷打矿带，出产的翡翠不多但质量好，帝王级绿色翡翠所占的比例大，其翡翠砾石一般都较小，多在1kg以下。

中间是以帕敢为中心的主矿带，位于缅甸北部的克钦邦西端，矿区西缘与缅北的实皆省（Sagaing）相邻，在行政区划上属克钦邦的甘马因管辖，地理坐标北纬25°42’，东经96°16’。该矿带位于缅北孟拱西北部的乌龙河（又称雾露河）上游，北达干昔南至会卡，长约35km，西至度冒东界龙塘，宽约15km。该区的场口星罗棋布，既有次生矿又有原生矿，是最重要的翡翠产区。

鼎祥翡翠的重要原料产出地为帕敢翡翠矿坑，早期矿坑里尚有未挖取的原料。

最南部的矿区与主矿区不相连，称为南奇矿区，位于铁路线的西北侧，靠近孟养（莫宁），又称孟养南奇矿区。该矿区虽然交通方便，但面积小，翡翠产量也比较小，不是主要的矿区。

由于不同矿区出产的翡翠大小不同，皮壳不一，质量也有差异，翡翠场区和场口又有如下划分。

1. 老场区

位于乌龙河中游，是开采时间最早（大约是在18世纪）的场区，也是至今面积最大，场口最多，种类繁多的场区。其中较大的场口有27个：老帕敢、育马、仙洞、南英、摆三桥、琼瓢、香公、莫洛根、兹波、格银琼、东郭、回卡、那莫邦凹、宪典、马勐湾、帕丙、结崩琼、三决、桥乌、莫洞、勐毛、苗撇、东莫、大谷地、四通卡、马那、格拉莫（名称均为缅语音译）。这其中最著名的场口是：老帕敢、回卡、大谷地、马那、格拉莫。这些场口的玉石产量多、质量高，交易中经常遇到，因此必须熟练掌握其特性。老场区最深地段现已开采到第三层，约20m深。第一层为黄砂皮，第二层为黄红砂皮，第三层为黑砂皮。

2. 大马坎场区

该场区毗邻老场区，位于乌龙河下游，是老场区出现一个世纪以后开始开采的。较大场口有11个：雀丙、莫格跌、大三卡、南丝列、西达别、库马、黄巴、大马坎、那亚董、南色丙、莫龙基地。最著名的场口是：大马坎、黄巴、莫格跌、雀丙。据1993年前挖掘的情况看，大马坎场区只挖到了第三层，最深地段挖掘到10多米，主要是两种产品，黄砂皮和黄红砂皮。但石头表皮最为复杂，场口之间差异大。

3. 小场区

位于恩多湖南面，毗邻铁路线。较大的场口有8个：南奇、莫罕、南西翁、莫六、乌起恭、那黑、通董、莫六磨。最著名的场口是南奇、莫罕、莫六。该场区部分地段已挖掘到第三层，第一层为黄砂皮，第二层为黄红砂皮，第三层为黑砂皮。

4. 后江场区

因位于康底江又称后江江畔而得名。产品中小件居多，场区地形狭窄，主要在长约3 000多米，宽约150m的地方，散布着10个场口：帕得多曼、比丝都、莫龙、格母林、加莫、香港莫、不格朵、莫东郭、格勤莫、莫地。最著名的场口是格母林、加莫、不格朵、莫东郭。虽然地方狭窄，后江场

雷打场区的原石

后江场区原石

区产量高、品种多、质量好，是不可忽视的场区。

5. 雷打场区

位于后江上游的一座山上。该区主要是出产雷打石，因而得此名。比较大的场口是那莫和勐兰邦。那莫即雷打的意思，雷打石多暴露在土层上，缺点是裂绺多、种干，硬度不够，难以取料，低档货较多。一旦遇上可取料的货，也有较高的价值。1992年前勐兰邦不断发现中档色货。1992年年终雷打场区传出惊人的消息，发现一块巨大如屋的上等翡翠，已由政府组织开采。

6. 新场区

该场区位于乌鲁江上游的两条支流之间。主要是大件料，产品多是白底青的中低档料；位于表土层下，开采很方便。场口不少，但消失得很快，如1991年场口、1992年场口早已停采。主要场口有9个：莫西撒、婆之公、格底莫、大莫边、小莫边、马撒、邦弄、三客塘、三卡莫。

缅甸国有宝石企业勘查和开采翡翠的总部设在隆肯，隆肯东距密支那170km，东南离孟拱122km。孟拱是翡翠矿石的中转站，用火车运抵仰光和曼德勒加工、销售。开采翡翠矿主要在缅甸旱季，即10月至次年5月。目前缅甸宝石企业年产翡翠矿石约300~500t，已发现的最大的翡翠巨砾重33t，主要以原石销售为主。

三、缅甸翡翠原料特征

仔料

翡翠矿石一般分为原生矿石、半风化矿石（产于残坡积层）和漂砾矿石（产于冲积层）。半风化矿石节理发育，质地疏松，难于利用。

翡翠原生矿石从翡翠矿脉中开采出来者，称新山料或新坑，呈致密块状构造，表面一般没有次生风化膜，可以直接观察翡翠质地的好坏，而且表里如一，较易判断整块山料质量的高低。次生翡翠矿石是从河床、山坡和砾岩中开采出来的，称老山料、老坑或仔料，高档翡翠产于老山料中。玉石表面常覆有厚度不等、颜色不一（常呈淡黄、黄、褐黄、褐黑色）的风化膜，也称为璞，其内部质地的好坏和绿色的多少往往都无法直接观察。

翡翠新山料

砂皮翡翠原石

但是，翡翠老山料的风化壳上存在揭示其内部质地的线索，正确认识和识别翡翠风化壳上的相关标志，是了解和判断其内在质量的基础，在翡翠原石表面常出现以下现象。

1.皮壳

绝大多数翡翠原石有风化壳，即翡翠原石在地质搬运过程中经风化作用形成的产物，称为“皮壳”。皮壳粗糙、皮层较厚、没有光泽、具有砂粒感的翡翠原石，称为砂皮石。根据砂皮的颜色可分为：白砂皮、黄砂皮、铁砂皮、黑乌砂皮等。

白砂皮翡翠内部往往没有颜色，如果有也是淡淡的绿色或紫色；若砂粒细致如细盐粒，则一般玉质细腻透明度较好，大多数的冰种都具有白砂皮。

黄砂皮的翡翠原石通常皮比较厚，砂粒也往往较粗大，一般认为是比较好的仔料外皮，内部可能有较多的绿色，但多数颜色不均匀；皮上若见绿的色根，则内部可成艳绿的根色或面积较大的全色。

铁砂皮也称铁壳、红砂皮，呈红褐色、褐色，也有称如黄鳝皮的颜色。这种皮比较坚硬，不会很厚，原石滚圆度较差，一般认为铁砂皮如果不仅砂细，而且还可见到松花和黑色条带，则指示内部水好且有高翠。

黑乌砂皮为颜色较深的黑色、绿色，一般认为内部会有较深的绿色部分，甚至可出现满绿的翡翠。但是黑乌砂皮翡翠原石变化非常大，有的里面绿中带黑点，有的里面是很干的绿，有的里面绿很脏，砖头料、以色料都有。

石灰皮是一种极细粒的白盐皮，呈灰白色，皮较软，可用铁刷子刷掉石灰皮层，多数是高岭土化所致，内部一般种质较好。

此外，还有经过水的冲刷，外皮光滑，手摸上去没有砂的感觉，很细

砂皮翡翠原石的另一面

腻的水石皮。这种皮薄如纸，皮色多样，有黄皮、白皮、绿皮、腊肉皮、笋叶皮、黑花皮、麻花皮等。水石皮的翡翠一般都经过较长距离的搬运，较致密、细腻的部分保留下来了，所以一般品质较好。水皮的特征与玉石内部的质地很接近，由于水石皮的皮很薄，内部的颜色及裂纹也较容易观察。

总之，可根据翡翠皮壳的颜色、致密程度、光润程度、厚薄等，推断翡翠内部颜色、透明度、净度、结构等优劣程度。

2.松花

“松花”是指翡翠皮壳上呈现的绿色，是翡翠内部或浅层绿色在皮壳上的一种表现。由于致色离子的种类、浓度和空间分布在一定的成矿时间和空间是相对稳定的，所以根据松花颜色的浓淡、数量的多少、形态的变化，可以推断翡翠内部颜色的变化和分布。如果松花的颜色浓而且鲜艳，价值就会高；如果翡翠皮壳上没有松花，内部可能很少会有色；而皮壳上多处有松花，则内部可能存在颜色或者仅仅存在于表层。另外，松花是否渗入翡翠内部，渗透的深度等，也是推断颜色好坏的依据之一。

有松花的翡翠原石

3.癣

“癣”是指在翡翠原料皮壳表面上出现大小不同、形状各异，呈黑色、深绿色或灰色的印记。癣的主要矿物成分是碱性角闪石，通常呈柱状、纤维状集合体。由于角闪石较硬玉更容易风化，故常形成内凹的形态，同时由于这些角闪石含铁量很高，呈现的颜色也相应较深。

癣是一种与翡翠绿色有关联的表现特征，俗称“癣吃绿”是指癣对绿的破坏作用，但另一方面，往往有癣就有绿，翡翠具有“绿随黑走”的规律。所以对出现的癣要进行具体的分析，要把它作为认识仔料内部质地的重要特征看待。癣的种类很多，从颜色上看，有黑癣、灰癣和绿癣；从深入延展性上看可分为深入内部的“直癣”和对内部影响较小的“横癣”。如果在一个面上出现有大量的片状癣，而另一个面上有大量的点状癣，那么内部可能含有太多的阳起石等产生癣的矿物；如果有一些癣仅仅在一个面上有表现，而且都是片状癣，就有可能仅仅在表面有一点“脏”，不会产生很大的影响；如果在两个面甚至三个面上有癣，有可能内部很脏。“癣”与“松花”的区别在于癣主要呈灰黑色和深绿色，松花则呈较鲜艳的绿色；绿癣的颗粒粗大，而松花一般较细小。

有癣的翡翠原石

4.蟒

“蟒”是指一种特别的纹带，是翡翠仔料外皮上的带状迹象，一般呈凸起的曲折细脉状分布在风化壳表面，犹如一条蟒蛇盘卷，是判断有无颜色及颜色分布状态的一种依据。翡翠的成岩成矿有着不同的时代，形成了结构、成分上的差异，这就导致了硬度不同，在风化过程中产生差异风化。一般细粒致密结构比粗粒疏松结构抗风化能力强，绿色部分比无色部分抗风化能力强，所以与无色、浅色粗粒疏松结构的基底相比，通常是细粒结构的绿色部

有蟒的翡翠原石

分凸出来形成蟒带。蟒带的形态、颜色、走向、倾向是判断翡翠绿色变化的重要标志。

相对来说，凸起的蟒带表示绿色的翡翠较周围无色或浅色部分结构更为细密，水头更好；而下凹的蟒带则相反，其绿色部分的质地相对于周围的玉质更为粗疏，甚至有可能伴有裂隙。

蟒带如果呈现其他颜色，如白色、黑色、橘红色等，则不一定是内部呈绿色的标志。黑色的蟒带是角闪石脉的表现，可以说是呈带状的癣，不指示绿色。假若蟒带中绿黑相伴，则可能是癣中夹绿的情况，色与癣不可分开，不是好玉。蟒带也可能是无色的“玉筋”，是质地与周围玉石不同的条带或脉体，而没有绿色。

5.雾

“雾”是指存在于外层风化壳与内部翡翠之间的一层雾状不透明物质，实际上是一种硬玉矿物退变质作用的结果。由于温度的降低及压力的增加，原生矿物硬玉发生变质，形成新的次生矿物包裹在硬玉岩外部，形成了中心部分是硬玉岩，外面是次生矿物层，最外层是风化壳的格局。这些次生矿物则称为雾，主要是钠长石和霞石。

表面有雾蒙灰的翡翠原石

雾的厚度变化很大，一般在1cm左右，也有达数厘米者，玉质不好的，雾往往较厚。雾有不同的颜色，如白、黄、密黄、红、褐红、黑，称为白雾、黄雾、红雾、牛血雾、黑雾等。雾的有无及雾的颜色反映的是原岩的信息，雾的出现是有翠色的一种预兆，不同颜色的雾具有不同的指示作用，一般红雾和黄雾是由于含铁量高而引起的，而高铁又使得翡翠绿色发暗；白雾表明含铁不高，是较纯的硬玉岩，可能出正绿色高翠。白雾又被称为包皮水，也叫水浸。其特点是从外皮向内部浸入的一种灰白色调，受浸部位的透明度会有所提高。如果翡翠原来为不透明的干白地，有雾的地方透明度会有所提高，可能变成半透明的灰水地，同时也增加了灰色调；如果翡翠原来颜色较鲜艳，水浸之后绿就会发灰，成为暗绿，甚至变成油青色。

如果仔料的外皮上显出雾的颜色，则称"雾跑皮"，行家认为此种仔料的内部玉质必定显灰，会极大影响绿色的鲜艳度，是不好的征兆。如果仔料的黄雾、红雾厚，则也可以用作红翡，或者作为俏色加以利用。少量的仔料会出现黑雾，如果色黑均匀，厚度比较大，质地亦可，则能作为墨翠的原料使用。

四、缅甸翡翠原料分级

一般来说，评判翡翠原料的质量主要从颜色、粒度、结构、透明度和裂纹几个方面进行，缅甸国家宝石公司按上述技术指标将翡翠矿石质量品级分为三类五级(详见表1-2)。

表1-2　翡翠分类分级

类别	名称	级别	颜色	透明度	粒度、结构	裂纹
I	帝王玉		鲜绿、祖母绿	透明、半透明	粒度细小，呈交织结构	无
II	商业玉		绿、蓝绿、紫红等	透明、半透明	粒度细小，呈交织结构、粒柱状变晶结构	无
III	普通玉	A		半透明	粒度细小，呈粒柱状变晶结构	无
		B		半透明	粒度较粗，粒柱状变晶结构	无或少
		C		半透明、微透明	粒度粗，粒柱状变晶结构	无或少

1.帝王玉

帝王玉是翡翠中的珍品或上等品，颜色翠绿纯正，浓艳均匀，透明度好（水头足），粒度极细小，呈显微交织结构。帝王玉未见单独产出，一般呈脉状分布在商业玉中，其产量不大，最高的年份不足翡翠年采矿总量的5%，因此，价格昂贵，以克拉计价，缅方标价为$320~900/ct，其价格是另两类翡翠的万倍以上。加工过程中采用手工操作，以尽量减少损耗。

2.商业玉

商业玉为呈绿、蓝绿、紫、红等各种颜色的致密块状，颜色杂而不匀，浓淡不一，透明或半透明，粒度细小，呈粒柱状变晶结构和交织结构，行内常称为“花牌料”。商业玉是翡翠中的一大类，占翡翠年开采量的20%~30%。主要用于制作中高档饰物（玉镯、戒面、佩挂件等）和贵重工艺品，以公斤计价，缅方报价为$40/kg（平均数）。

3.普通玉

普通玉是翡翠的主要类型，其产量占翡翠总开采量的60%~70%，是玉雕工艺品的重要和优质原料，亦用于制作低档玉饰品。普通玉一般呈白色、淡青色、灰白色致密块状，矿物粒度为细粒或中粗粒，粒柱状变晶

翡翠花牌料

翡翠砖头料

结构，微透明或半透明，无裂纹或少裂纹。价格$5~25/kg。

由于一块翡翠矿石或一批翡翠矿石中，各类翡翠的含量变化颇大，其实际售价变化十分悬殊，可以相差几十倍甚至上千倍。翡翠的原料在行话中有砖头料、花牌料、色料的叫法。砖头料是指一些透明度差、杂质多、有色有绿或无绿的翡翠原料。砖头料通常以公斤计算价值，是只能做一般的旅游工艺品的低档原料。花牌料是指一些有点绿、花绿，有一定的水头或无绿但水头很好的中档翡翠原料。而色料是指高档、特高档的翡翠原料，能做高档戒面、手镯等饰品。有大块正绿的巨形翡翠原料也称色料。砖头料、花牌料或色料在赌石切割的过程中会有变化，有时一块不显眼的砖头料，切开后出现团块状饱绿；有时一块色料看似很好，但切开后不能做高档首饰，都是常有的事。

第三节　翡翠原料交易

翡翠原料也称毛料，其交易可谓是最特殊、最具神秘色彩的贸易方式之一，主要有公开展示、拍卖交易（公盘）、地下走私等形式。近年来，缅甸政府不允许私下买卖翡翠原料，几乎所有的翡翠原料，都只能经由翡翠公盘拍卖销往国外，公盘是现今翡翠原料“赌石”的主要方式。之所以称为“赌石”，是由于从外观上人们常难以辨别翡翠原料质量的好坏，翡翠原料交易带有“赌”的性质，只能借助于一些经验之谈和注意事项以尽可能的规避和减小风险。

一、翡翠原料公盘介绍

缅甸翡翠公盘现场，港澳台及内地买家在甄选原石，一旁是荷枪实弹的军政府士兵

翡翠毛料公盘是“缅甸珠宝玉石交易会”的简称。缅甸政府在20世纪60年代初将所有的矿产资源收归国有后，为堵塞税款流失，使稀缺的翡翠玉石资源为国家创造出更多的外汇收入，于1964年3月开始举办翡翠公盘。现在的翡翠公盘每年在仰光举办三次，地址位于仰光东北部，占地面积200余亩，名义上是珠宝玉石交易会，实际上是以翡翠原石拍

卖为主。参加翡翠公盘有三种途径，一是由缅甸各级政府邀请；二是由缅甸各级珠宝协会邀请；三是缅甸珠宝贸易公司邀请。后两种邀请方式必须由邀请方以担保的方式上报组委会审核同意。竞买商凭以上邀请方的邀请函办理进入公盘场所的手续。若无邀请函，竞买商必须由缅甸珠宝公司担保并向组委会缴纳1 000万元缅币/人的保证金（公盘结束后，如数退还给竞买商）方能申请办理入场手续。目前参加公盘的代表主要是来自中国大陆、香港地区、台湾地区和缅甸本地的华人。

近年来，港商频繁参与仰光公盘，究其原因，与内地及香港的翡翠商品需求增长不无关系。香港千年翠钻旗下的鼎祥翡翠，定期由缅甸珠宝协会邀请进入仰光公盘，除曼德勒的珍料原石外，也常在仰光公盘上获得珍贵翡翠原料。

翡翠公盘的拍卖和国内大家常见的拍卖会不一样，国内的艺术品拍卖会，每个竞标者出的价格都是公开的，现场由拍卖师根据前一个出价人的价格统一加价，而原料拍卖却刺激得多，除了明标，还有暗标的形式。

公盘现场分若干个展区，为了便于管理，投标和开标都是按展区进行的，各展区间的原料并没有明显的不同，只有两个室内展厅翡翠原石相对高档。翡翠公盘每次展出约5 000手翡翠原石，每手数量不等，前三天是看货时间，竞买者必须对自己决定投标的石头进行仔细分析，对石头的质量做出初步的判断，确定自己的投标价和投标技巧。这一过程是一个异常艰苦的过程，也是考验投标者的心理素质和毅力、经验、智慧的过程，投标者要顶着炎炎烈日，对每一组石头进行分析，同时还要承担巨大的心理压力。

第四天开始进行投标，投标的赌石按展区的顺序依次进行。一般是先暗标后明标，两者都是遵循“价高者得”的原则，但开标方式不同。暗标是由买家将自己欲购买的石头编号及投标价格填写在标书上，在规定的时间内将标书投入投标箱内，投标结束后，工作人员清点标书，出价最高者就是石头的得主，中标情况会在次日通过投标大厅的投影仪和公告牌公布结果。明标是以公开竞价的方式投标，投标者聚集在投标大厅，工作人员现场唱标，投标者如果愿意加价便可举牌，工作人员就会来收取标书并立即唱标，直到没有买家继续加价为止。

明标与暗标的区别在于，明标形式下竞标者知道谁是竞争者以及竞争者的出价，两者在本质上并无大的区别。基于价高者得的原则，竞标者即使只比别人出价高一元钱，也能把料拍下。但是由于担心竞争对手先抢得原石，竞标者通常会成倍地升高自己的出价。这样的心理战术往往能够帮助卖家获得一个满意的价格，所以明标的方式在近几年得到卖家的青睐。甚至有传闻说，为了能够获得好的价格，卖家还会请来"托儿"帮助竞价，制造现场气氛。

在珠宝行业内，缅甸翡翠公盘备受关注，已成为珠宝企业购买翡翠原料的主要途径，作为国际性大型翡翠原料交易盛会，其创造了许多交易传奇。在中国，由于市场对翡翠原料的需求巨大，一些翡翠厂家与缅甸的翡翠公司联合，复制仰光公盘的模式，在广东省南海市的平洲也办起了翡翠原石交易会。在当地政府的支持下，平洲成立了玉器商会，在全国各地吸收了一万多名会员，取得会员资格的玉商都可以持会员证参加在平洲举办的翡翠原石交易会。交易会在商会的统一协调

平洲公盘的原石交易

新山料雕琢的成品件

下由各原石交易场轮流举办。交易方式类似缅甸翡翠公盘，但更加灵活。一般是前两天为看货和投标时间，后两天为开标时间，开标结束后，未被标出的原石还可以通过讨价还价的方式进行交易。这极大地促进了中国大陆的翡翠市场的发展。

平洲原石交易会俗称平洲公盘，各类优惠措施吸引了包括香港千年翠钻旗下鼎祥翡翠在内的众多港台华商的关注。

二、翡翠原料赌石风险

上节提过，翡翠原料常见的为新山料和仔料，其中又以仔料的质量较高。而翡翠仔料有较厚的风化外皮不能直接观察内部的玉质，因此人们常在原料的一头切一个小盖，或用锉刀、砂条把皮擦掉，在原料的身上磨上几个小“窗口”（称“开天窗”或“开门子”），从局部开口处来推测内部玉质的好坏、是否有绿等。一块未开“门子”的翡翠仔料，除了形状、重量和外表外，谁也说不清里面是什么，只有将其切割开，才能有真实的结论。赌石的人根据皮壳的特征和自己的经验，反复进行猜测和判断，当有两个以上的人提出不同看法时，便产生了赌。所以，人们将带皮的翡翠仔料称为“赌石”、“赌料”或“赌货”，把这种商业行为也称为“赌石”。切割石头，行内称为“解石”或“切石”。切割后出现了好的种分或绿色，称为“赌涨”，反之便是“赌垮”。

仔料

开过窗的赌石

翡翠赌石的交易对一般人来说是非常神秘的。传统翡翠交易中一直沿袭着一种特有的交易方式，交易双方认为，谈判是交易双方的事，交易的价格对买卖双方以外的人都是秘密。赌石人对某块赌石有了购买意向后，会对它进行认真仔细的分析，确定其真假并判断其质量，对其价值进行评估，然后向卖主询价，卖主的报价和买主的心理价位可能有较大的出入，于是，买卖双方进入讨价还价阶段。讨价还价的方式非常独特，传统的方式是买卖双方将手伸入马褂的长袖中，用手指的数量和指形的变化在长袖内比划着开价和出价。这种比划可能要经过数个回合，直到双方在价格上达到一致，握手表示成交。而一旦达成交易，任何一方都不得反悔，在买主向卖主支付完货款后，买主可以选择将石头带走或现场将赌石切开以验证赌的结果。如果赌涨了，买主应该向卖主和切石者派发红包，如果赌跌了，则可能将石头就地扔掉。

切石的过程是非常紧张的，买主为赌石付出的可能是全部家产，赌石的输赢在石头被切开的一瞬间就见分晓，富贵与贫穷也在这一瞬间决定。一些赌石者会选择将石头带回家，以擦石头的方式定输赢，从擦口观察，如果擦出的颜色和质地与自己推测的质量一致即为赌涨，货主可以选择转卖或继续擦石，赌涨了即将石头转卖所承担的风险固然会小一些，但是获得也会小，不同性格的人会根据实际情况选择将石头转手或切开。

一直以来，翡翠仔料的交易沿袭着这种以赌的方式决定价格的传统，只是不同时期赌的形式有所变化，以公盘的方式拍卖翡翠原石是现在赌石交易的主要途径。翡翠公盘与传统的交易方式不同的是：历史上赌石是暗赌，即赌那些完全看不到内部情况的“蒙头料”；而公盘是半明半暗的赌，赌石少有蒙头料，大多赌石已被切开或开有“门子”但还未切割彻底，要完全看到其价值仍然有赌的成分。公盘出价是以竞标的方式，以价高者得为原则，表面看来非常公道，实则同样存在巨大的风险。

传统的赌石是从赌蒙头料开始的，不见颜色是不能论输赢的，因此必须以一定的方法体现赌的结果。于是便出现了擦石、切石、磨石等具体的赌法。

一块蒙头料雕琢成的多个貔貅挂件，翠色参差不齐

擦石是一条古老的方法，效果好又安全。买来的蒙头料表面有颜色的表现，如果颜色部位没有找准就下刀切割，会把绿色“解跑”。很容易赌输，因此有了擦口就可以利用强光照射察看原料内部的情况，判断绿色的深度、宽度和浓淡程度，擦石的目的只有一个，就是找到颜色出没的位置。

擦石一般是用工具在原石表面擦出一个火柴棒大小的缺口，如果见到绿色，即表明赌涨，通过缺口观察，如果绿色的面积还可能更大，便继续擦，直到擦出表面可能出现的所有颜色。一些保守的玉商一看到擦出颜色（即赌涨），有利可图，便马上转手，下一个买家买来后便继续擦，擦出了更多的颜色便再次转手。如此下去，一块赌石可以经历数次交易，直到有购买者将其切开，方知最后的输赢，“疯子买、疯子卖、还有个疯子在等待”的说法正是出于此。如果在擦石的过程中出现判断失误，没有擦出颜色或向四周追颜色时已经到了尽头，投机的玉商会采用特殊的方法将擦口弥合起来再次转手，如果不被下一个购买者发现，那么购买者可能成为受害者。

行话说：“擦涨不算涨，切涨才算涨。”切石是赌石最关键的步骤，输或赢的结论只有把石头剖开之后才能认定。有些赌石商人，只要擦石见涨就转手出让，让别人接下去赌。因为继续擦或是动刀切割，风险将会更大，涨与垮仅在毫厘之间，可见切石是非同小可的。一种原始的切割方法是用弓锯压砂，缓慢地把石头锯开。若发现不能继续切割时，便要采取挽救措施。现代切割方法是用玉石切割机，切割刀片上镀有金刚砂层，切割准确迅速，但是夹具夹着石头泡在油里或水里不容易看到切割过程，完全剖开才能知道输赢。下刀切石首先要找准部位，一般是从擦口处或是从有蟒的地方下刀，也可以从松花或是顺裂纹下刀，当切第一刀不见颜色时，还可以切第二刀，第三刀。行话说：一刀穷，二刀富，指的就是切石要切彻底，第一刀不见绿，第二刀可能见绿。

切石的赌性如此巨大，除实力雄厚的珠宝“巨鳄”外，鲜有小资本敢于“即赌即切”，香港千年翠钻旗下鼎祥翡翠一位“切石大师”曾于20世纪末开切的一块原石，切开后满石见绿，皆大欢喜。

磨石是为了抛光，把透明度完全表现出来，这样能使人看到它的颜色或种分。磨石的一种方法是将赌石上的擦口、小缺口进行打磨和抛光，从擦口上展现石头的颜色或水头，但是还有其他部分仍是未知数，有较大可赌性。另一种方法是将赌石的一端切下一小片，并将切割面进行打磨和抛光，可以更好地观察到翡翠赌石内部的颜色和水头的情况。

翡翠原料交易中广泛流传“神仙难断寸王”之说，就是经验老到的行家，也难免有看走眼的时候。赌石需要的也许不仅仅是丰富的经验、敏锐的眼光，更要有良好的心理素质以及深邃的智慧。

千年翠钻旗下鼎祥翡翠上世纪末赌切的翡翠原料，满石见绿

三、翡翠原料交易注意事项

翡翠原料较难识别，主要原因是有一层厚厚的皮，所开的门子及擦口，又不能完全代表整块原料的好坏。故在选购时，要仔细观察切口及整块玉料，从是否有绿，绿的可能走向，绿的多少，集散程度与颜色的偏正、浓、淡、阳和水的长短以及裂绺的多少来综合考虑。

1)大玉石原料擦小口，口口见绿时要小心。皮上表现一般时，应用低价的砖头料标准来购买。

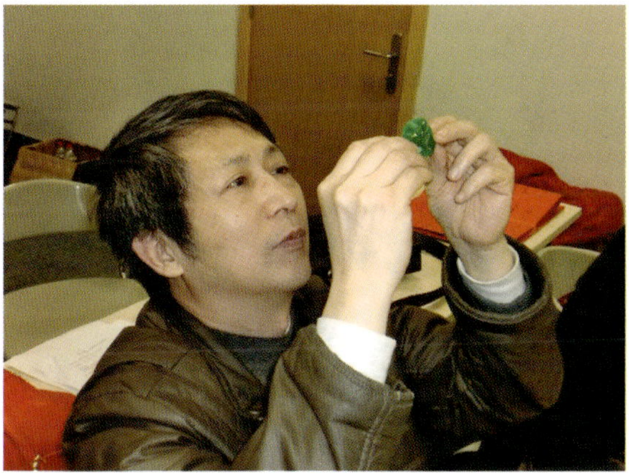

原石雕成雕件后，更显其发现者过人眼力，图为中国地质大学宝石学教授、博士生导师、鼎祥翡翠特别顾问袁心强教授在仔细观察对比雕件成品与原石

2)翡翠原料上的铺口、断口、切口、擦口等绿得好，但没抛光，这时要特别小心。这样的料往往是因为裂绺多、底发灰、绿不正、水不好或绿内发黑等，而不抛光。

3)若一块玉料到处可见找绿的痕迹时要小心。玉料，尤其是高档玉料，在看货以前，货主在玉料上找绿时，会留下许多磨、擦、挖的痕迹，这些痕迹往往是一些无绿地段。

4）翡翠的切口可见一大片绿（俗称满绿）时要小心，民间有“不怕一条线，只怕一大片（指绿）”。这一大片往往是沿绿的走向，即平行绿的方向切一刀所致。实际上绿的厚度只薄薄一层而已。

5）若玉料已切下一片，在购买时一定要研究所切下来的那一小片。要从两片的合缝处，观察绿是否有向大块玉料延伸的可能。

6）缅甸所产玉石原料，因产地的不同，质量会变化很大，因此一定要掌握翡翠产地的特征，即翡翠原料的场口识别。

7）在选购翡翠原料时，要在翡翠表皮上找癣、蟒、松花等特征，若翡翠原料有这些特征说明皮下可能产生绿色。

8）在选购满绿色的原料时，应掌握水的好坏对制成品的影响，否则可能保不了本。如果光线可进到翡翠原料几厘米内，绿好且晶莹美丽，十分通透，那么这样的料做不了高档戒面，若做戒面可能会出现绿淡甚至无色的情况，故一定要掌握水与绿的关系。在一般情况下，中午阳光能照进切开了的翡翠内部6~13mm为好，要用原料的厚薄来调整制成品的水色最佳厚度。

在购买翡翠原料时，一般人会因卖家所开高价而不知所措，故买家的第一口价是十分重要的。它能说明买家的估价水平、业务能力及技术水平高低。要想给出合理的还价，就需要买家了解各地玉石行情、运费、关税、手续费和外汇牌价等，比如这块料从什么地方运来，表皮是否有研究过的痕迹，能做什么，做什么最赚钱，卖到什么地方。买家在了解了以上基本情况后，再恰到好处地给出一个最低价，其后慢慢加到可承受的最高价。另外，从翡翠行家手里购买高档货要注意，一来很难赌涨，二来很难做成成品后得利。因为行家们精确计算过，若卖不了高价时，就会自己去加工饰品。故买家须事先估计到有利润，否则再好也不能买。

第四节　翡翠原料加工

中国有句名言“玉不琢，不成器”。从玉器原料到成品，需要经过一系列的加工过程。中国人对翡翠的加工，有独到的经验和工艺。中国琢玉能充分的利用原料，尽量发挥原料的特色，在省料的基础上达到最完美的艺术效果。翡翠的加工因地区的不同和师傅的不同，工艺流程也不尽相同，东南亚地区华人行商尤其注重“细雕慢刻”，尤以香港翡翠商号为甚。在香港千年翠钻的鼎祥翡翠品牌大师的手下，翡翠加工的的确确地成为一门艺术。一般说来，翡翠加工有以下加工过程。

一、选料

加工之前要对原料的实际情况有全面的了解，也就是掌握加工对象的具体状况，这是重要的开端。就像医生看病，只有先分析，才能对症下药，因料制宜。翡翠玉料多半带皮壳，因此，选料的关键依据是加工用途：做摆件、器件、手镯、挂件、戒指还是戒面？原料的特征与加工用途的关系非常密切，如果选择不好，不仅浪费原料，加工出来也会亏本。以鼎祥翡翠为例，在制作挂件时，多采用宽面方片，以利雕件的加工。

加工划线前的鼎祥
翡翠半成品片料

二、开料

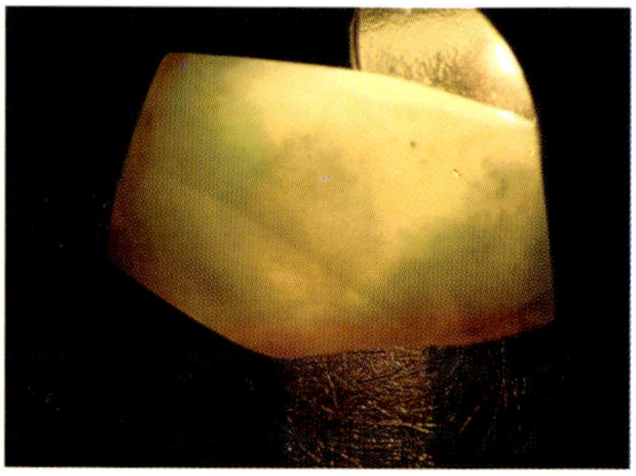

翡翠原料切片后，在下刀前仍需观测其内里结构

开料也是关键环节，有些人赌石心切，往往一刀而下，不仅可能把翠切掉（因为好翠往往是较薄的），也有可能做不了整体雕刻艺术品，失去其本来的价值。一般正常程序是先擦皮看玉石表面特征，比如翠色的走向，裂隙的发育与走向，翡色和紫色等颜色，黑色的分布状况，种水里外变化分析与估计，原石的外形等特征。其次，根据原石整体状况与可能的用途来确定。最后，再决定是整个原料做雕件，还是切开来做，要充分利用，做到“基本无废料”。

1.开石切片

指的是第一刀剖开石料。经过细心的观察和判断之后，便要选定原石表面的一个方向剖开。若是具有裂纹，则第一刀主要是顺纹切。

（1）原始方法

用火烧翡翠原石，使其炸成小块。缺点：难以控制炸裂点，破坏严重。后来改进成部分用火烧。

（2）拉丝（线锯）

用铁丝和金刚砂（SiC）做磨料，加水冷却，来回拉动解开玉石。优点：不破坏质量，不浪费原料。缺点：速度慢。

（3）脚踏解料机

清代开始使用，现在已被电动机械代替了。但对于高质量的翡翠或在无电的山区，还在使用脚踏解料机。设备有圆形铁铊铜盘、一根转动轴、一条皮带或胶带，用脚踏带动转动轴，要不断加水和金刚砂。

2.切片备料

经过第一刀，对玉料的颜色、裂纹分布和水头等情况更清楚，开始切片准备。

(1)开料的原则

1)对于色料要特别小心，以不能破坏绿色为原则。料开得好，利用得好，则出货好，可以获得较大利润。经验在这里非常重要。

2)从最差的部位做起。在未获得经验之前，先从最差的部位开始，不会损失太大。

3)尽可能做大的成品。成品越大，越难得，价值越高。能做手镯，先做手镯，剩下的做小饰品。裂隙多的只能做花件或雕件。

4)两用的原则。花件与光身并进，能做光身的尽量做光身，不要一刀切死。

(2)设备

圆盘锯、带锯等。

三、设计画样

一件完美的玉器，应是材质美和造型美的巧妙结合。

1.根据原料的质量(颜色、水头、质地、裂纹、瑕疵)和原料形状特点，考虑制品的设计。这是原料加工中十分关键的一步，是直接决定能否获得经济效益的关键。设计时要考虑：

(1)量料取材，因材施艺

根据原料特点，考虑制成什么效果最好。例如颜色深者，要做成薄水货；颜色浅的制成品就要厚一些，以显得更绿一些。对于颜色深浅、

画有荷叶图样的片料

画有金鱼图样的片料

荣膺奥运冠军指定庆功奖品的鼎祥翡翠金镶玉雕件，基本是浅雕工艺

分布以及俏色，要充分利用。设计主要是利用颜色来决定构思和形状，定稿之后绘在纸上，再绘在石料上。例如著名的鼎祥翡翠挂件“合合满满”在设计雕刻前，就曾经经过鼎祥翡翠设计大师的苦心设计，先后设定了荷叶图样和金鱼图样，最终定稿荷叶图样。

雕成后的鼎祥翡翠“合合满满”

（2）因市施工

要考虑到目前市场的需求，尽可能的去适应市场。不同的市场对不同货型需求不同。我国在玉雕制造有独到的地方，玉雕远在古代就多有佳作出现。而翡翠与传统软玉不同，它的流行主要是从清代开始的，它的加工充分借鉴和发展了古代玉雕加工的工艺，工匠们创出了独特的翡翠加工工艺。我国现代翡翠加工工艺也别具一格。

2.根据原料的用途考虑制品的设计

（1）做小件

考虑用途与出成率。如圆雕件和手镯等。

（2）做小雕件

如做玉佩和腰牌等，要考虑做什么图案，既用上原料的优势特征，又符合雕件图案的要求。否则，容易出废品。

（3）摆件

摆件设计要根据原石色、种、水、形、裂、黑、玉质等特征，将原石提高到最大价值。摆件主题图案与相配衬托图案是有原则和有比例的，而不是图案的简单堆积。一般摆件图案包括人物、山川、吉祥类、动物类、花卉类等，对原料的要求各不相同，如设计做人物类，关键是看原石是否有杂质，要用干净一点的部位做人物的脸，还要考虑原石是否够人物的比例使用等因素。

有些玉料必须重点突出其颜色美，如设计制作一件弥勒佛，应尽量将翠绿安排在其肚部而不宜安排在头部；若要将一件有翡红（红皮）的玉料加工成一只鹅，就必须将翡红安排在鹅头上；又如将翡翠玉料上看来是脏的黑块雕成济公的黑扇，则不必将黑挖去反而会使玉器价值更高。

鼎祥翡翠观音挂件，脸部线条细腻逼真

鼎祥翡翠俏色福禄寿三色摆件，立意明显，俏色的利用纯熟自然

加工车间

四、加工工艺流程

翡翠原料的加工车间，除基本加工设备外，工匠手中的磨料也正待加工成型。

1.切割

(1)小件

分步切割成不同用途规格的大小，把不能用或不符合规格的片料，改变其加工用途，达到物尽其用。

(2)摆件

根据设计图案要求，切割成大致毛坯。

2.铡

用金刚石砂轮(粗号砂)进一步打去无用部分成粗毛坯。

3.錾

用金刚石(中号砂)砂轮进一步打去凸凹部分和整个表面无用部分。

4.冲

用直径3~4cm的金刚石砂轮或圆砣，将上一工序粗毛坯高低不平的部分进一步加工，冲成粗坯。

5.磨

用各种规格磨砣磨出图案圆雕部分样坯，如水果、山石和树根等。

6.雕

(1)轧

用轧砣过细，开出人物、动物、山水和花卉等图案的外形。如开脸、动物身体和树木花卉根茎叶等。

(2)勾

用勾砣或各形钉勾出细纹饰，像人的鬓发、胡子、凤毛、动物鳞、动物毛和植物的叶纹等。

(3)收光

一般大型有实力的工厂都有这一道工序，采用专用工具和材料，把前面雕刻工序多余刻痕和砂眼磨平整，为下一道打磨抛光工序打下良好的基础。

五、雕刻方法

中国是有7 000千年文明历史的古国，那么玉石加工也有了7 000千年的历史。在玉石雕刻的历史长河中，我们的祖先创造了非常先进的雕玉工具和玉雕方法，我们将许许多多的玉雕方法当中常用的一部分，简单介绍如下。

1.浮雕

浮雕指凸雕，有浅浮雕、深浮雕、还有俏色雕，如：福禄寿禧等。

2.透雕

透雕是指透空雕，有十字透空雕、圆形透空雕、纹饰透空雕等。如：动物的下肢和树枝等。

3.镂雕

镂雕是指将玉石镂空而不透空，有深镂空，如：花瓶、笔筒等；有浅镂空，如：笔洗、烟缸等。

4.线雕

线雕是指线刻、丝雕，如：人物的头发、动物的毛发和水浪等。

5.阴雕

阴雕是指凹下部分的一种雕刻方法，如：阴阳八卦等。

6.圆雕

圆雕是指圆弧形雕刻，如：茶壶、茶杯和球形玉件等。

六、打磨抛光工艺

1.打磨

（1）人工打磨

人工打磨属半机械化，人工通过磨机，用各形金刚砂轮工具，从粗磨至细磨，精磨到亚光。

（2）机器打磨

机器打磨属全机械化，通过振机用金刚砂完成从粗磨到细磨、精磨各工序。一般圆雕小玉件打磨时间，正常需3~4天。

2.抛光

（1）人工抛光

通过抛光机，人工用各类抛光工具和抛光材料抛出亮光，对光身玉器（如玉镯、玉扣、鸡心、吊胆和戒面）多用人工抛光。

（2）机器抛光

振机加抛光材料，所需时间长，大约经过一星期左右才能完成，但一次能抛光一大批。一般圆雕小玉件正常需2~3天完工。对观音、弥勒佛和各种花件等，常用机器抛光，虽成本较高，但效果也较好，能保留雕刻纹饰的立体与雕峰风格。

七、灰酸

这一工序的目的是把加工过程中所沾染的污渍去掉。分为两个步骤。

1.过梅酸

用有机弱酸短时间的洗净。洗净表面污渍，尤其是打磨过程中留下的金属擦痕等。

2.过灰水

目的是去掉加工过程中残留下来的油渍。灰水是碱性的，具有去油渍的作用。最初用稻草灰，现在用肥皂水。该过程不会破坏翡翠的结构。

八、出水

这是一个不去料的过程，实际上是抛光的作业。一般用布或皮革，再加抛光粉，加适量的水（冷却），往返摩擦，使表面发亮。抛光分很多步骤，也较费时。如果抛光质量差，会直接影响到玉件的售价，因为是第一外观印象。

九、墩蜡或喷蜡

目的：其一，使翡翠成品的表面光滑并光亮，像皮鞋擦油一样；其二，可以使蜡进入到抛光后的玉件表面存在的微细凹坑或裂隙中，填补其不平，使表面更光滑，还可防止污渍的进入。方法有两种。

1.墩蜡

将白蜡融化在器皿中，把翡翠成品放入其中煮数小时。适用于小件。

2.喷蜡

把成品放在烘炉中加热至80℃左右，然后喷蜡或把蜡粉涂到翡翠表面，蜡受热融化成液态，即可渗入到裂隙或凹坑中。最后用毛布把多余的蜡擦掉。

十、装潢

中国人古有“买椟还珠”一说，可见高档商品的包装对于提升商品本体的外观品质何等重要，对于翡翠这样的高价商品，无论是港台还是内地的商号都注重其商品的包装，香港千年翠钻旗下鼎祥翡翠精美的展示包装就很好的说明了这一点。

1.摆件的装潢

装潢的目的有二：一是美化产品；二是保护产品。装潢的形式有座和匣两种，座是提高玉器身份的主要装潢；匣是放置玉器的包装品。配底座是摆件最重要的装潢，摆件配座的材料和款式很多，配得好可达到艺术与价值的提升。

2.包装

这是最后一个环节，一件美丽的翡翠玉商品，需有好的包装，包括内包装和外包装。配套包装既有装饰美化效果，还有保护与运输之功能。

第五节　翡翠制品介绍

翡翠是一种极具特性的玉石品种，翡翠制品五花八门、丰富多彩，根据翡翠制品的表现内容及用途，将翡翠制品分为首饰、雕件两大类，而这里我们主要介绍一些可作为首饰佩戴的翡翠制品。

一、翡翠首饰种类

清朝以来翡翠制品花样翻新，使用广泛。旧饰指清末以前的翡翠饰品，如：翎管、

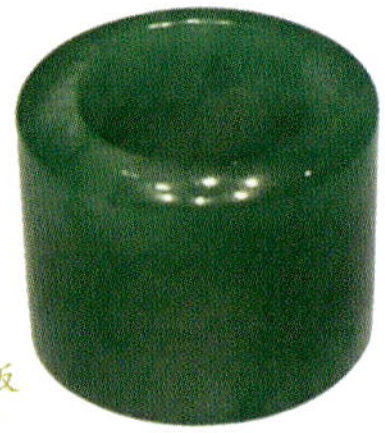

慈禧赏给李莲英的翡翠扳指，由光绪七年云南道贡献，坊间相传乃是鼎祥翡翠商号的李琮瑢所供

清末民初鼎祥商号制作的翡翠马鞍戒

朝珠、龙钩、带钩、如意、扳指、管子、扁方、压发、帽正、顶子、烟嘴、鼻烟壶、三环扣和二环扣等。时饰是指民国以后各种饰物，如：戒面、马鞍戒、玉锡、怀古、胸花、胸饰、胸坠、耳坠、腰坠、烟嘴及各类摆件。从一开始，翡翠饰品的主要消费对象就以华人为主，特别受清朝皇室人士的偏爱，使翡翠首饰造型大量融入了众多中华传统文化因素。从19世纪起，以鼎祥商号为代表的东南亚香港翡翠商行就多以制作迎合华人消费观的翡翠饰品而闻名。

1.常见的翡翠首饰造型

（1）手镯

手镯是最为流行的款式之一，它象征着统一、和谐、典雅以及女性的温柔。直到今天，还一直流传着这样的故事：手镯能保护其佩带者免于伤害，手镯能够化解各种负面的影响，以及给其佩带者带来福气，驱除晦气。例如：佩带手镯的人在偶发事故中可能发现心爱的手镯损坏，然

鼎祥翡翠手镯，翠色艳丽，温润过人

鼎祥翡翠金镶玉戒指

而自己却未受伤害。

另一个有意思的传说是手镯里的好颜色可以传遍整个手镯，但这要看佩带人的福气如何。在过去，手镯一直是成对制成的。这来自“好事成双”这样的信念，而中国古代亲人相认这类故事，更增加了成对手镯神话的完美色彩。相信上溯至少4 000千年前的中国，玉手镯一直是中国文化中最重要的瑰宝之一。今天，由于单件手镯的需求量增大，以及翡翠资源的逐渐枯竭，高等级的单件手镯在现代的翡翠市场中占有极高的地位，其价值往往不菲。多件的手镯由于并非独一无二，反而价值不如单件的。

（2）戒面

金镶玉是华人翡翠首饰的独创，指将贵金属与翡翠这两样华人喜爱

翡翠佛珠

的物件合二为一。相传鼎祥翡翠为华人翡翠行商中首批大量设计和制作金镶玉翡翠戒指的商号之一。

戒面亦称蛋面，是用来镶嵌的弧面形翡翠饰品。戒面有多种用途，可以用于镶嵌制作各种首饰。戒面的造型很丰富，常见的有圆形、椭圆形、心形、水滴形、橄榄形、马鞍形等等。戒面的用料、造型都十分讲究，对颜色也有较高的要求。一般来说，没有明显缺陷且颜色较均匀的小翡翠原料都会设计加工成戒面。戒面也是翡翠饰品价格评估中最难掌握的一类。

（3）佛珠

统一规格的翡翠圆珠需求量要远远大于对分等级的珠的需求。每颗佛珠在颜色和种上的匹配相当重要，规格越统一，价值越高。品质的其他因素还包括佛珠的圆润和左右对称性等。另外，相当重要的一个因素是有没有裂绺。那些15mm直径的或者更大的珠一般被加工成为半圆形宝石，这样一来价值大为提升。

清朝官员服饰有顶戴花翎、朝珠补服一说，朝珠即为这一服饰规格的重要组成部分。在缅甸及云南翡翠喜好风气的促进下，清末云南及两广官员开始采用翡翠作为朝珠材质，引一时风气之先。鼎祥商号曾于19世纪末贡献两广总督府翡翠佛珠数串，色泽、大小整齐划一，后失落民间。20世纪末，归属香港千年翠钻旗下的鼎祥翡翠根据前人印象，采用顶级翡翠原料，复制了这串翡翠佛珠。

民间家传珍藏的翡翠环
直径3.6cm 厚0.7cm

（4）玉环

中间有洞的圆环在中华文化中象征永恒。它一般作为佩件或者像耳环那样被佩带。按照理想标准，中心的直径应是为圆环直径的1/5，并且应该准确的位于环的中心位置。小的成对圆环通常镶以贵金属，作为耳环或连环。

（5）连环

翡翠连环扣件制作需要高水平的工艺以及高质量的原石。这些完美相称的小环相扣，其制作思路可上溯到清代。

翡翠连环扣件图片

龙纹雕件是鼎祥翡翠雕刻大师的拿手杰作，也是鼎祥翡翠雕件的代表作品

（6）雕刻件

在大多数情况下，在小型雕刻件中被使用的翡翠原料与上述品种的翡翠制品相比具有更低的质量。但是，它是整个翡翠首饰类中工艺最复杂、最丰富、造型最无常规的一种佩戴或悬挂装饰品。其构思设计一般以喜庆吉祥、爱情、祈福、宗教信仰为主题，佩带它，人们相信可以具有吉祥、平安、永恒、幸福、富有，以及前程远大、逢凶化吉、遇难呈祥等寓意。而博大精深的中华文化更使之丰富多采，绚丽多姿。

2.翡翠大型雕刻件

除了上述首饰种类，值得一提的还有翡翠的大型雕刻件，其中不乏精品。我国的四大国宝翡翠——“岱岳奇观”、“含香聚瑞”、“群芳览胜”、“四海腾欢”，由北京玉器厂的近40名玉雕大师，利用四块大型翡翠原料，从1982年开始，耗时整整6年时间精雕细刻而成，现陈列在北京中国工艺美术馆“珍宝馆”。这些超大型翡翠玉雕作品无论从材料上还是雕刻工艺上，都达到了令人叹为观止的水平，其价值更是难以计算。雕刻件的工艺设计和实施加工的技能，对于翡翠雕刻件的价值有着重要的影响。

翡翠四大国宝之一的“四海腾欢”

二、翡翠首饰选购

1.翡翠玉镯的选购

在选购玉镯时，购买者要测试圈口的大小并不难，主要有两种情况。

购玉镯者本人在场时，只要将玉镯能戴入四个长手指（即大拇指除外）至“虎口”处，感觉稍紧一些，然后将玉镯取下。

鼎祥翡翠满色手镯，尤受年轻女性青睐

测量一下内径，如果刚好是 55mm，那么，这个尺寸就是你适合的圈口了。如果你喜欢松一点，就再加大1~2mm，便可轻易地戴上或取下了。有人喜欢戴小一点的玉镯，甚至戴上就不打算再取下了，那就可将上述尺寸再减少 1~2mm，并当场试戴。试戴时涂些洗洁精或肥皂水在手上，请别人帮忙，用力将玉镯戴进手腕即可。

佩戴者本人不在场时，最好知道其本人所需玉镯的尺寸大小。有些人在家中用小绳将手腕围一下，然后请别人带着小绳去选购玉镯，这样是很难准确的。

从颜色上来讲，年轻人喜爱偏浅色调的玉镯，中老年人则喜爱较深色调的玉镯。青年女性多喜爱芙蓉种、浅绿花青种和艳丽的紫罗兰玉镯；中年女性则喜欢浅色的绿豆青、油绿和浓艳的紫罗兰玉镯；老年人最喜欢紫罗兰或翡红加上翠绿和白色的“福禄寿”三色玉镯。经济条件一般的可以选择偏暗绿的绿豆青、油绿和瓜皮绿等绿色玉镯。此外，具有明显翠绿的白地青玉镯几乎受到普遍喜爱。

2.翡翠项链的选购

项链包含短项链，即围在颈部的颈链，以及长项链，即挂在上衣领口外边，长达胸部的胸链。我国珠宝市场上出售的产品，一般以42cm和54cm的珍珠项链和宝玉石项链最为普遍。进入21世纪，以香港千年翠钻鼎祥翡翠为代表的东南亚翡翠商业品牌出品的翡翠项链和挂件，发展出众多款型，如翎管、方牌等，也颇具特色。

选购项链一般要注意以下几点。

1)结合自己的年龄和爱好来挑选项链的长度、珠子的颜色及颗粒大小。

2)检查珠子的质量，包括玉质和加工工艺水平。等粒的珠链应检查有无某一粒偏大或偏小；两端小而中间渐大的塔形链，要注意整条链上的珠子是否有突然变大或变小的现象；有隔珠的项链，要仔细检查每两粒珠子之间的小隔珠是否缺损；此外要检查每粒珠子的圆度和完整程度，包括是否有裂绺和瑕疵等。

鼎祥翡翠出品的老坑满绿翎管，色泽艳丽，珠圆玉润

3）注意链扣的形式和质量。国内玉石项链扣的形式常见的有螺丝扣（黄铜质或白色塑料质）和卡扣两种，一般螺丝扣较安全耐用；卡扣除非是优质的，否则常易损坏。

3.翡翠玉戒的选购

选购翡翠玉戒时，要分别注意下列各点。

1）马鞍形戒指：首先要观察戒面四周有无裂绺或瑕疵，再看大小是否适合，然后看马鞍面上的翠绿或红翡是否全翠或全红。如属局部翠或红，其色应位于中央而不能偏于一端，最后看整个戒指的工艺是否精良，包括其内侧是否已抛光等。

2）小圆形戒：同样要首先检查有无裂绺或瑕疵，试其大小，再看玉质是否通透，工艺是否精致。

3）蛋形戒面：造型要美观，厚度要大一些（即呈半个蛋一般的凸起），而不宜像铁饼一般扁平（扁平是由于玉料片太薄所致）；正反面检查有无裂绺，有无瑕疵。

4）榄尖形戒面：造型要美观，长宽比例要协调，无裂绺，无瑕疵。

5）长方形戒面：造型要美观，要注意厚度不宜太薄，以免镶嵌时被损坏。

近年金镶翡翠戒指尤受时尚女性宠爱，以鼎祥翡翠为例，其出品的金镶翡翠戒指除金、翡翠材质外，还多镶有钻石和其他彩色宝石，贵气尽显。

鼎祥翡翠金镶玉戒指，除含翠外，还镶有璀璨钻石，一派奢华

观音是翡翠挂件雕件中常见的品类，也是鼎祥翡翠商业翡翠中的标志款型

鼎祥翡翠生肖挂件，刀法细腻，雕型为猪生肖，栩栩如生，憨态可掬

4.翡翠挂件的选购

怎样选购翡翠挂件？

所谓翡翠挂件主要是指四类：生肖挂件、三种光身件（平安扣，鸡心和吊胆）、两种雕件（观音和弥勒佛）以及花挂件。选购上述挂件时，对种类、规格大小、质量好坏和习俗禁忌方面有很多注意事项，下面作扼要介绍和说明。

1）关于种类和大小的选择：一般来说，鸡心、吊胆适于女性佩戴，而佛和观音则有“男戴观音女戴佛”的说法，平安扣适合男女老少佩戴，但男性偏爱大扣（30mm以上）、女性偏爱中、小扣则是普遍规律。

2）关于质量好坏的要求：一般来说，玉扣、鸡心和吊胆等光身挂件不允许有裂纹。玉雕厂在选料时也会注意这一点，即“有裂不做光身件”。因为，光身件无任何花纹可以遮挡，即使做出成品也很难售出。与此相反，观音和佛及花挂件、生肖件往往有或明或暗的裂纹或玉纹存在，即所谓“无纹不作雕件”。当然价格较昂贵的中高档雕件是不允许有裂纹的，双面雕件也不允许有裂纹。另外，如有脏点和石花也要降等或列入次品。

3）关于习俗和禁忌，婴儿和幼童由于皮肤娇嫩，不宜选购配金属梅花扣的挂件，唯有平安扣不需要梅花扣，故最适宜。

三、翡翠首饰造型寓意

人们用翡翠来预祝福寿和安康；用翡翠寓意吉祥与喜庆；用翡翠表示坚贞与忠诚；用翡翠象征文雅和永恒；用翡翠以赏心悦目；用翡翠以护身养颜。翡翠上雕刻的吉祥图案，多取材于动物、植物、星月、流水或祥云，后来受道教、佛教的影响，图案题材也日益丰富，设计日益精美。这些吉祥图案均以谐音和寓意来表示，纹纹必有意，意意必吉祥。

1.常见题材与内涵

翡翠的题材有很多，最受人喜爱的题材有“福豆”，以翡翠雕成豆角，据说寺庙中常以豆角为佳肴，和尚称其为“佛豆”。

“连年有余”，雕荷叶（莲）、鲤鱼（余），有的还有童子骑在鲤鱼上；有

鼎祥翡翠“福豆”挂件，颗粒饱满，温润喜人，是港台及内地消费者所钟爱的翡翠雕件

鼎祥翡翠“灵猴献瑞”挂件，寓意丰富，雕刻细腻传神

的是雕鲶鱼，取其意"年年有鱼"。

"福至心灵"，雕灵芝如意（灵），蝙蝠（福）；"福寿"雕蝙蝠（福）、寿桃（寿）；"福在眼前"雕蝙蝠（福）、金钱（前）；"福寿"雕佛手；"福禄"雕葫芦；"福禄寿"雕葫芦（福禄）、小兽（寿）。

"马上封侯"雕马、猴（侯）；"双欢"雕两只首尾相连的獾（欢）；"猕猴献寿"雕寿桃、小猴。"子孙万代"雕葫芦、花叶、蔓枝，取葫芦内多籽，"蔓"与"万"谐音之意。"节节高"雕翠竹；"红红火火"雕辣椒；"岁寒三友"雕松、竹、梅等。

2.寓意归类

目前市场上可见到的翡翠玉成品，既有中国传统文化，又有现代东方文化与西方文化的结合及各种文化的融合，大大提高了文化艺术内涵。综合各时代各类图案，主要可归纳为以下几种。

1)佛教文化寓意：主要为弥勒佛、观世音、千手观音、送子观音、南海观音、普陀观音，各种菩萨等图案。

2)道教文化寓意：主要图案为阴阳八卦、阴阳鱼、五神八卦。

3)皇宫文化寓意：如九龙归宗、双龙戏珠、龙凤呈祥、松鹤延年、贵妃出浴、望子成龙、一统天下、金玉满堂。

4)文人文化寓意：喜上眉梢、岁寒三友（松、竹、梅）。

5)生肖文化寓意：用十二生肖属相——子鼠、丑牛、寅虎、卯兔、辰龙、巳蛇、午马、未羊、申猴、酉鸡、戌犬、亥猪代表人生寄托吉祥，其属相者佩戴相应生肖玉佩。

6)商业文化寓意：生意兴隆、年年有余、苦尽甘来、财运亨通、麒麟送财、金蟾献瑞。

7)民间文化寓意：金猴拜寿、童子鱼、五子登科、五狮献瑞、鲤鱼跳龙门、精打细算、喜获丰收、连生贵子、福星高照、龙凤呈祥、福寿双全、五福临门。

8)仕途文化寓意：步步高、连升三级、硕果累累、冠上加官、螳螂捕蝉黄雀在后、花开富贵、鹏程万里、马上封侯。

9)新文化寓意：貔貅献瑞、心心相印、如意心锁、普天同庆、祝福（竹子、蝙蝠)、天长地久、花生。

10)福禄寿禧文化寓意:

福:弥勒佛、蝙蝠、梅花、寿星、福在眼前、鸡冠花、佛手瓜;

禄:鸡冠花、公鸡、凤凰;

寿:龙头龟、人参、松树、仙鹤、高山、灵芝;

禧:欢庆、喜鹊;

植物类:葫芦、牡丹花、水仙花、梅花;

人物类:关公、寿星、财神,也称三星高照;

翡翠颜色类:福——紫罗兰,禄——翠,寿——翡,禧——青色。

鼎祥® DINGXIANG 翡翠

Dierzhang

Feicui Wenhua

第二章 翡翠文化

第一节　从文学谈起中华玉文化

谈及翡翠我们不得不谈到中国的玉文化，深厚的玉文化底蕴是中国人爱玉、赏玉、玩玉、藏玉的基础。玉在中国有着悠久的历史和独特的含义，中华民族的文明似乎始终与玉文化息息相关。最早出土玉器的地方位于内蒙古赤峰市的一个古老村落，学术界称之为“兴隆洼文化”，考古学家在这里发现了十多件用玉器制作的工具和装饰品，它们距今有近8000年的历史。古老中国的玉器文明自史前时期就从来就没有间断过，玉文化对中华民族的影响首先表现为文字的影响，中国的古典文学也多与玉相伴，而且随着时间的推移，玉文化的内涵愈发显得丰富而厚重。

一、“玉”字缘

玉文化是中华民族的一种特殊的文化心理，根深蒂固。中国的“国”外框里是一个“玉”，国中有玉，玉是中国之魂，民族之魂；“玉”是王字加上一点，王者之尊，只有帝王才能拥有玉；还有皇帝的“皇”，王字上面一个白字，也就是白玉；另外，神仙的最高统治者，是玉帝——玉皇大帝。

翻开我们的汉字字典，以玉字为偏旁的字有一百多个，释义都和玉有关系，这里就不一一列举了。宝贝的“宝”，“宀”下面是一个“玉”，有玉才是宝，不然就不是宝。司马迁《史记·廉颇蔺相如列传》中有一个“完璧归赵”的故事，大家都比较熟悉。秦国宣称愿以十五座城池交换赵国的“和氏璧”，这说明玉是国宝，非常值钱，从此就有了“价值连城”的成语。但玉又是无价的，所以又有“黄金有价玉无价”的说法。

在古汉语中，“鼎”是象形字，最初代表一种炊具，后来因用于煮东西给神，而上升为礼器，成为国家君主、大臣等权力的象征。“鼎”字也被赋予“显赫”、“尊贵”、“盛大”等引申意义，故衍生出“一言九鼎”、“大名鼎鼎”等词。

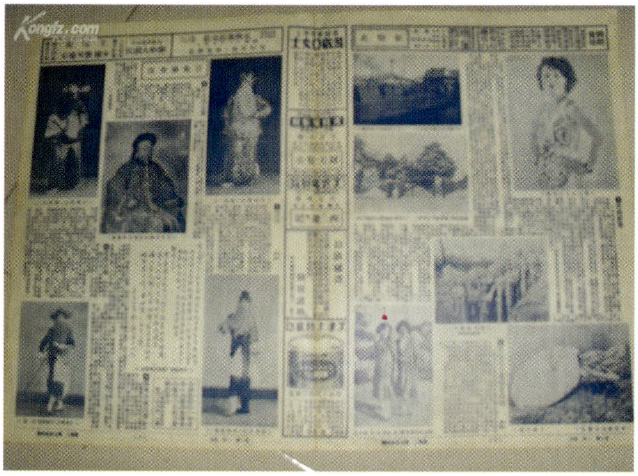

民国期间，鼎祥商号在当时北平发行的《画报》上刊登的广告（版面下方）

"鼎"字的篆体，可见与中国古代祭器三足鼎有着紧密的联系

原"鼎祥"商号、后归于千年翠钻旗下的鼎祥翡翠，其创始人李琮瑢当年在缅甸创立"乌瓦迭"商号，就是取其中文"一言九鼎"之意。以表示商号生意诚信，后来又融入了翡翠能为人带来好运、福祥等寓意，创立了"鼎祥"商号(后为避讳，改"鼎"为"定")。

我们稍微留意一下就会发现，我国的人名、地名、书名、戏名等，带玉字的非常多。人名如：玉芹、玉敏、玉华、玉莲、玉成、香玉、紫玉等；地名如：玉林、玉溪、玉田、玉泉营、玉渊潭、北京的玉泉山、云南的玉龙雪山等；还有众多历史名人，如：战国伟大诗人屈原的弟子宋玉、唐代美人杨玉环、古代英雄梁红玉、当代画家黄永玉、女画家潘玉良、国画大师齐白石（白石实际上就是白玉，他又叫齐璜，“王”字旁一个“黄”字，璜就是古代玉佩的一种，叫玉璜）等。我们中国人不但喜欢用玉来命名，而且把最高尚、最坚强、最纯洁、最美丽的东西都用玉来形容。

形容人的气节——宁可玉碎，不可瓦全；

形容女人的美丽——亭亭玉立、玉貌朱颜，书中自有颜如玉；

形容高贵的人——玉体、玉肌、玉人。王实甫《西厢记》有“待月西厢下，还风户半开，拂墙花影动，疑是玉人来。”张生把自己说成“玉人”；

形容女人的贞节——守身如玉、修身如玉；

形容歌喉之美——珠圆玉润。白居易在琵琶行里有“大弦嘈嘈如急雨，小弦切切如私语，嘈嘈切切错杂弹，大珠小珠落玉盘。”的诗句，用珍珠落玉盘来形容琵琶弹的美，有意境、有感情。

形容仙山胜境——琼楼玉宇，毛主席诗词有：“金猴奋起千钧棒，玉宇澄清万里埃。”……

所以说，玉文化是中华民族一种特殊的文化心理，已经形成一种潜意识，是我国独有的文化现象。中国人，将拥有一块玉或一件玉饰、玉雕作品，作为精神上、心理上的满足。崇玉、爱玉、赏玉、盘玉、藏玉、佩玉，可以说是人们文化生活中的最高境界、最高层次。

二、玉与诗歌相伴

诗歌是中华文化宝库中异彩纷呈的奇葩，中国宝玉石文化是中华文化宝库光芒四射的瑰宝，它们自古就有着密切的联系，相辅相成、相映生辉，在源远流长的中华文化历史长河中共同演绎了瑰丽多彩的篇章。

随着古人对宝玉石的认识日益加深，他们所作的诗歌中出现了很多描写宝玉石的内容，在早期的《诗经》中就有不少有关宝玉石文化的句子。例如“投我以木瓜，报之以琼琚；投我以桃李，报之以琼瑶”，这里的“琼瑶”、“琼琚”指的是珍贵的玉器，用来象征淳朴美好愿望，表现了我国古代先民们朴素善良的内心世界。

先秦文学中，许多绚丽多姿的诗篇又给宝玉石文化增添了浓烈的浪漫主义色彩。例如屈原在《九歌》中写道，“霾两轮兮絷四马，援玉枹兮击鸣鼓”，其中“玉枹”指的是玉头的鼓槌；《离骚》中“折琼枝以为羞兮，精琼靡以为粻；为余驾飞龙兮，杂瑶象以为车”，这里的“琼枝”指美丽的玉，“琼靡”指玉的碎屑，“瑶象”指的是美玉的象牙，借宝玉石之美描写宏大万千的气势，抒发了诗人的浪漫主义情怀。

《左传·襄公十五年》中则用一篇不足百字的文章表现出宋国正卿子罕的君子风尚。文章记述的是春秋时，有人送给子罕一块宝玉，并说：“这是经过玉工鉴定过的，绝对是宝玉，我今天特意献给您。”而子罕却正气凛然地说：“此玉虽是宝，但我以不贪为宝。”遂坚辞不受。

秦汉、魏晋南北朝时，经过长期的历史积累，出现了更多有关宝玉石文化的诗歌，例如乐府《战南城》中“双珠玳瑁簪”；《孔雀东南飞》中“耳着明月珰”“口如含朱丹”的“珰”、“丹”都是指珠宝首饰，“朱丹”指红宝石；曹植《美女篇》中“玉帛不时安”，这里“玉”与“帛”一起为古代行聘之礼；《西洲曲》中“垂手明如玉”，以玉形容手之白……这些诗歌都表明，当时的宝玉石已经在民间较为广泛的流传，珠宝首饰的种类与款式也更为多样，深入到人们日常生活的各个方面。

唐宋明清时期，我国的宝玉石文化发展到高峰，当时灿若繁星的众多诗歌辞赋里出现了大量有关宝玉石的词句。例如，王之涣著名的《凉州词》里有“羌笛何须怨杨柳，春风不度玉门关”；王翰的《凉州词》里也

根据出土白玉饰品样式重新精制的白玉光件，温润如糯

有"葡萄美酒夜光杯"的句子；李商隐《锦瑟》里有"沧海月明珠有泪，蓝田日暖玉生烟"；而李白以"明月珠"比喻贤能；辛弃疾以"玉漏迢迢"比喻时间漫长……这些都蕴涵了无尽的诗情画意，可谓达到了中国宝玉石诗词的极致。

三、玉与戏曲相随

戏曲文学是我国传统文学的重要形式，在很多脍炙人口的作品中，我们同样可以看到很多"玉"的身影，"玉"多为戏曲中的叙事线索。

元末明初的杂剧《玉梳记》，亦作《对玉梳》，全称《荆楚臣重对玉梳记》，写的是扬州秀才荆楚臣爱恋松江府上厅行首顾玉香的爱情故事。顾、荆二人相爱两年，情投意合，但此时荆楚臣的金钱用尽，遭鸨母羞辱，并被逐出。顾玉香鼓励荆楚臣赴京应试，考取功名，临别时，玉香将珍爱玉梳"掂做两半"，二人各持一半作为信物。荆楚臣走后，玉香相思忧烦，"茶饭少进，脂粉懒施"，"朝忘餐食无味，夜废寝眠难合"，闭门拒客。后来玉香逃出妓院，赶往京都去寻找荆楚臣，途中遭富商柳茂英拦截，持刀相逼。正好赶上楚臣状元及第，正赴任路过，便将玉香救出并与之

《紫钗记》剧照，诠释了一块玉牵起的悲欢离合

相认。顾、荆二人团聚，将玉梳“令银匠用金镶就”永存留念。

明代著名戏曲作家汤显祖所作的《紫钗记》更是用女主人公所佩戴的紫玉金钗向人们讲述了一个曲折而美好的爱情故事。陇西才子李益游学长安，与霍王府小姐霍小玉，在元宵节上偶遇，小玉不小心将紫玉钗丢失，李益正好捡到。两人互生情愫，便成了亲。婚后李益参加殿试，中了状元，但因得罪了当朝权贵卢太尉，被派到玉门关外随军，不得还朝。李益在关外立功，却被卢太尉软禁，仍不能与小玉相见，卢太尉派人送信给小玉，骗说李益已经入赘卢府。小玉接到假信，十分伤心，怨恨李益薄情，但又不十分相信，便耗尽家财寻访李益踪迹，最后变卖了信物紫玉钗，恰被卢府买去。卢太尉知此钗乃李、霍定情之物，便用紫玉钗骗李益说，小玉已另嫁他人，两人由是产生误会。侠士黄衫客听说了此事，便救出李益，使之与小玉相见。李益把紫玉钗给小玉戴上，两人冰释嫌疑。黄衫客又把卢太尉专权、李益和小玉受屈一事参奏主上，最后奸人得惩，好事成双，李益被封为集贤殿学士和鸾台侍郎，霍小玉为太原郡夫人。

因个人身世所系，鼎祥翡翠商号的创始人李琮瑢亦对传奇故事有所钟爱，特别是对于有志考取功名的年轻才俊，李琮瑢经常解囊相助，继而创立鼎祥学社，专门资助云贵川籍两广地区的青年人读书应试。

四、玉解《红楼梦》

《红楼梦》——中华传统玉文化的集大成者，贾宝玉胸前的那块宝玉令无数中国人魂牵梦萦。

在中国历史上，《红楼梦》是一部著名的与玉关系密切的名作。作者曹雪芹举家食粥，十年辛苦，泪尽而逝方成《红楼梦》。此书原名《石头记》，从一块小小的石头“通灵宝玉”写起，到此石头失踪而结束。有学者认为，以中国传统玉文化为研究起点，分析作者对通灵宝玉诞生与历劫的描述，是进行红学研究的一个重要的有效途径。《红楼梦》博大精深，历史、文学、政治价值巨大，有学者认为，借以玉文化来解说此书主要是想借“通灵宝玉”道出玉观念和学说。

通读《红楼梦》并联系中国传统玉文化理论，我们可以清楚地看到，书中“通灵宝玉”的经历与封建社会中“玉是天地主宰和天地之精”学说息息相关，从下列几方面可以得到验证。

1）书中的“通灵宝玉”原是女娲炼制而成，可谓是天地之精华，但虽经锻炼，却无力补天，继被僧道刻上印记，坠入凡间，由小儿衔之出生而带入红尘。

2）书中大凡讲到宝玉的地方，似乎都可理解为贾宝玉本人；而若干关于贾宝玉的情节，又似乎是在讲那块“宝玉”的历史。宣扬了“人玉一体”。

3）“宝玉”的经历和顽石历劫，象征贾宝玉的思想性格和反抗历程，并且还映照着贾府的盛衰。

4）作者自云曾经历过一番梦幻，将真事隐去，而借“宝玉”说此《石头记》也。这一个“借”字，是说那“宝玉”并非作者杜撰，而是世上原本有之，不过权且借来一用罢了。

曹雪芹借用天地造化的说教来塑造人物形象，又用谶纬的手法来预示情节，借一块通灵宝玉，让吉祥的玉石来象征主人公的温柔富贵。但到最后，却又用完全相反的结局来说明其命运难测，感叹玉石的美好与人生的沧桑这一悲情现实。

从红楼梦中能感受到曹雪芹对玉本身的喜爱。

这一部恢弘的巨著本身写的就是一块“玉”，曹雪芹用浪漫主义的手法描写了一块通灵宝玉。这块玉大如雀卵，灿若明霞，莹润如酥，五色花纹缠护，这正是玉典型的特征，把玉的形、色、质、美表现得淋漓尽致。男主人公是美玉无瑕，叫贾宝玉，通灵宝玉佩在身上，莫失莫忘，不离不弃，是贾宝玉的命根子；而女主人公是阆苑仙葩，叫林黛玉，又是玉。还有一位很重要的人物，就是妙玉，也是一块玉。有趣的是，鼎祥商号创始人李琮瑢原出身官宦世家，其祖与清朝著名的桐城派亦有往来，相传李琮瑢深藏一本《脂砚斋批本石头记》，时常细读，其商号下属库藏名称也多用“怡红院”、“秋爽斋”命名，甚至还曾利用同一块翡翠原石制作过一套金陵十二钗摆件，可惜后已失传，否则今人当能一见翡翠与中华文学相映成趣的一大瑰宝。总的来说玉文化与中华传统文明密不可分，是中国式审美的重要组成部分。

《脂砚斋批本石头记》，据传是鼎祥商号创始人李琮瑢所收藏的版本

第二节　在玉文化中识得翡翠灵性

中国是世界上最早使用玉的国家，玉对中华民族的文化有着深刻的影响。自古以来，中国人以玉祭天，以玉比德，以玉抒怀，对玉的内涵及功能有着独特的理解。玉不仅仅是装饰，还寄予着中国人对美好生活的希冀与向往，而翡翠作为玉石的一种，也总与美丽的传说相伴。它孕育着故事、饱含着情感、体现着品味与风华，一直以来都是馈赠亲友的最佳礼品，近年来收藏投资价值也迅速升温。

一、美丽的石头

东汉许慎在《说文解字》中对玉的释义为：玉，石之美者，有五德。这一解释把握住玉之美和玉有德这两个基因，有较高的概括性与权威性，得到了当时士大夫的认同，一直被沿袭使用。玉的质地、色泽是美的，这是玉文化的第一要素。

溯源古代玉器的发展史我们可以发现，中华民族的先民们从无知到具有朦胧的美感，从使用粗糙的旧石器到制作使用精细的磨制石器，从衣不蔽体到佩戴饰物，都孕育着他们对美的追求。在新石器时代晚期，当玉器产生所具备的三个条件逐渐满足时，玉器便出现了。

第一，人类美感的出现。早在旧石器时代晚期，美的概念已经是深入人心，距今2.8万年前的山西峙峪遗址就出土过一件水晶制作的小刀和一件石器装饰品，而距今1.8万年左右的北京山顶洞人时期，精巧的装饰品已经成为当时先民的日常用器，遗址中出土的穿孔兽牙、小石珠、小石坠等，数量众多。

第二，美石的发现。随着打制石器和磨制石器的广泛应用，玉石在其自然色调或在使用过程中形成光泽，玉的油润可能使其作为稀有的宝物被珍藏起来。辽宁海城仙人洞旧石器时代晚期遗址（距今约2~3万年）就出土了岫岩玉质的砍斫器，虽然不能称为典型的玉器，但却能证明当时人类已经有意识的开始收集这些美丽的与众不同的石头——玉石。

第三，制作工艺的成熟。人类在长期的生产生活过程中，加工石器从运用简单的锤击法、碰砧法逐渐过渡到采用间接打击、钻孔、琢磨等制造技术。在峙峪遗址出土的石制饰品中已能看出制作者的高超的技术，而在山顶洞人遗址出土的饰品制作技术更是熟练。距今8200~8000年的内蒙古赤峰

玉石原石，石之美者为玉，中国人从中发现了生活的美

鼎祥翡翠金镶玉挂件，色正而阳

鼎祥翡翠挂件，冰洁光润

鼎祥翡翠金镶玉戒指

市敖汉旗兴隆洼遗址出土一对玉玦，这对玉玦工艺先进，是目前我国发现最早的原始玉器。

当这三个条件成立的时候，中华民族的先祖就进入了“玉器时代”，大量玉器开始出现，这个阶段人们重视的是玉器的使用价值和审美价值。我们可以设想一下，当先民们把那些色泽晶莹的“美石”，经过耐心细致的打磨，制成带有一定意义的形状，并钻上一个小孔，甚至还穿上自己编的小绳，将它套在颈项上或挂在胸前，是一幅多么美妙动人的情景，它说明先民们在进行美的追求，标志着人的思想有了信仰和寄托。一块玉，一件件小小的饰物，一点最原始的审美意识便是玉文化的开端。

时至今日，有“玉石之王”美誉的翡翠更是让人厚爱，已逐步成为寻常百姓家中物。翡翠的美丽醇厚而纯粹，温婉而平和，无论是单独呈现，抑或是简单串联成珠链，或者是与其他宝石、贵金属组合，其独有的单纯、平和之美，都能让人心旷神怡。传统款式的翡翠饰品注重文化底蕴，例如翡翠手镯，能让佩戴者拥有无可比拟的韵味。具有传统古典气质的女性可选择一款圆镯，表现出雍容典雅的风貌；时髦的上班族，以一款贵妃镯或扁镯，便能将温婉而干练的时尚气息传递。而传统的翡翠挂件，则讲求其蕴涵的吉祥寓意，昭示着平安寄寓了祝福，更可以结合不同的吉祥预示带来不同的惊喜感。现代翡翠玉饰的品种款式多种多样，以香港千年翠钻旗下鼎祥翡翠为代表的翡翠商品设计除了翡翠珠串、翡翠手镯、翡翠挂件、翡翠戒指，更有翡翠套饰、金镶翡翠玉等琳琅满目的选择。

正如一位著名收藏家所说的，“拥有一件高档次的翡翠就像拥有一栋高品质的星级别墅。”翡翠的晶莹纯洁，翡翠的含蓄内敛，翡翠的致密细腻，都与中华民族的气质完美搭配。

二、传说的功效

在人类形成的最初阶段，山崩洪水、雷电山火、毒蛇猛兽等自然灾害无时无刻不在威胁着先民的生存，他们认为这是自己的行为触怒了天地间的神灵，便想办法取悦他们，由此产生了原始宗教，形成了巫文化，并有专门从事祭祀活动的巫。

《说文解字·玉部》解释“靈”（灵）字下部的“巫”时，说“巫以玉通神”，即当时的人们认为，巫是人神之间的交往者，是神在人间的代表，是神意志的体现者；玉是巫用以事神、媚神的工具，在祭祀活动中把玉作为献给神的礼物；巫通过神而成为玉的占有者，玉被巫所垄断。

在笼罩着万物有神的原始宗教气氛下，“玉为神物”这一观念支配着玉的雕琢和使用，在人们心目中玉就是神，祀玉就是祀神，玉由过去的人间美物摇身一变成了天上神物，这是人们玉观念的一次关键性的转化。当时，巫术是先民社会活动的一种重要形式，包括礼天祈福，祭祀祖先等内容。《周礼·春官·宗伯第三》曰，“若国大旱，则师巫而舞”就是证明。巫术活动的一般形式是巫师带领一群人边唱边舞边敲，敲打的东西是玉石。《尚书·舜典》曰，“击石拊石，百兽率舞”，这描述了古人进行巫术活动的情景，即敲击玉石发出有节奏的音响，人们模仿着百兽的动作，开始狂热地舞蹈。另外，巫除了掌管祭祀神权，还充当医生的职能，在给人治病的过程中，巫极有可能用玉充当治疗工具。

由于玉的神圣化和神秘化，古人视玉如宝，帝王嫔妃养生不离玉，例如嗜玉成癖的宋徽宗，含玉镇暑的杨贵妃，持玉拂面的慈禧太后等。而关于玉石是否能养生则众说纷纭。玉是一种天然矿物，矿物是中药里的一类极具特色的组成部分，我国对它的研究具有悠久的历史，而宝玉石又占其中很大一部分。我国古老的医学经典《黄帝内经》、《唐本草》、《神农本草》、《本草纲目》中均称玉可“安魂魄，疏血脉，润心肺，明耳目，柔筋强骨……”。有观点认为，玉石含有多种对人体有益的微量元素，如锌、镁、铁、铜、铬、锰、钴等，佩带玉石可使所含微量元素被人体皮肤吸收。也有人认为，佩戴玉饰可刺激穴位，如位于人手腕背侧有“养老穴”，常佩戴玉镯，可刺激经络、疏通脏腑，得到长期的良性按摩。

除了保健功效，时至今日，人们仍然认为玉器具定惊、趋吉避凶之效，能保佩带者平安吉祥、富贵长寿，有深远寓意。相传盘古死后，他的呼吸变成风和云，他的肌肉化成土地，而骨髓就变成玉石和珍珠，因此

鼎祥俏色巧雕挂件图，翠色为如意，白色为螭龙，寓意丰富，且整翠鲜亮喜人

玉器被视为吉祥物，具有驱邪避凶的魔力。中国人认为玉器可令佩带者凝神聚气，而圆形的玉更代表天地之间的和谐圆满，所以玉环、玉扣等圆形饰物都非常受欢迎。另外，在中国人心中，翡翠是吉祥的象征，附有辟邪挡煞，趋吉开运的祈愿。从雕刻的题材寓意来看，不少翡翠拥有辟邪消灾的含义。比如最常见的观音、佛，俗话说“男戴观音女戴佛”，传说佩戴一枚佛、观音于胸前，可以逢凶化吉，护佑平安。还有翡翠瑞兽，如当下最热门的“貔貅”，是一种长相像狮子的凶猛神兽，古人随身戴着貔貅以示镇邪，传说可以赶走煞气。

三、流传的故事

玉石自古与美丽的传说相伴，据传玉皇大帝所居的凌霄宝殿和西王母娘娘所住的昆仑玉山，都是宝石构成的辉煌之所，琼楼瑶池，玉树琼花，而奔月嫦娥居住的广寒宫则是冷冷清清，唯有玉兔与之为伴。

在缅甸的玉石商人之中还有这样一个说法，认为翡翠是仙女精灵的化身，被人称为“翡翠娘娘”。据说翡翠仙女出生在风景秀美的中国云南大理的一个中医世家，天生丽质，乐施于人。一个偶然的机会，缅甸王子被她那美丽的容貌迷住了，于是用重金聘娶翡翠仙女。自从翡翠仙女嫁给了缅甸王子成为“翡翠娘娘”之后，她为缅甸的穷苦劳动人民做了许许多多的好事，为他们驱魔治病解除痛苦，还经常教穷人唱歌、跳舞。然而，“翡翠娘娘”的所作所为却违反了当时缅甸的皇家礼教，国王非常震怒，将“翡翠娘娘”贬到了缅甸北部的密支那山区。“翡翠娘娘”的足迹几乎踏遍了那里的高山大川，走到哪里都为当地的穷人问医治病。后来“翡翠娘娘”病逝在密支那，她的灵魂化做了美丽的玉石之王——翡翠。在缅甸北部山区，凡是“翡翠娘娘”生前到过的高山大川都留下了美丽的翡翠宝石。

另外，在中缅边境有着“翡翠城”美誉的腾冲，也流传着许多有趣的故事。据传，清王朝皇族伊里布任腾越知州时，得到了一块色彩鲜艳、水色透亮、红黄绿三色并呈的上好翡翠玉料，便雇名匠设计雕刻。该匠人受命后，迟迟未动手雕凿，忽而上山猎鸟，忽而下河捕鱼，只在每天清晨雕凿片刻。伊里布怒斥匠人为何怠工，玉匠答道："大人之玉系宝玉，要精心雕凿；而猎鸟捕鱼系借助自然灵气，巧妙设计；清晨工作，是在神清气爽之时运用'巧色'。"

玉匠如此工作三年之久，方告完工。只见那翡翠鸥鹅朱红透亮部分雕成鸟嘴，翠绿欲滴部分雕成羽毛，还有黄色的脚爪，系一根雪白的链条，站立于深绿色的支架上，自然逼真，活灵活现。使人感到那翡翠鸥鹅若振翅即能飞翔，若张口亦能学舌，确实达到了以假乱真的效果。此类俏色雕饰方法源远流长，在鼎祥商号创始时代的那一批玉雕大师的手下，这种精密巧思得到了质的升华，充分利用翠色的分布，雕成了众多翡翠绝代佳品。

在翡翠盛行的当时，腾冲还出现了几块价值连城的大玉，流传下来有"绮罗玉"、"段家玉"、"寸家玉"的故事等。

绮罗是腾冲著名侨乡，大约明朝年间，有绮罗人某氏在孟拱获大玉一块，运至腾冲，翡翠商人纷至沓来，争先观瞻，但都认为是无水无色的废料，没人看中。此玉的主人无可奈何，只好把它随意镶砌于马厩之中。不期此玉经过长期的马蹄踏磨，逐渐光滑。一日，阳光从马厩屋顶的瓦隙射于石上，此石发出绿色光彩，被主人发现，大喜，遂将此玉解剖开来，确是一个上好的艳色翡翠，若剖成薄片，颜色更佳，最宜制作妇女佩带之耳片。于是玉主人托工匠日夜赶制，加工生产，待大批耳片制作完成，恰好赶上腾冲传统的"三月赛会"。主人将耳片用绳索串连成灯笼形状，在里面点上蜡烛，于赛会之夜展出。那翠艳的翡翠在烛火照射之下，熠熠生辉，格外醒目，引来了众多观者，一时轰动了边塞古城。于是年轻的妇女争相购买，形成潮流。当这些年轻妇女坐在梳妆台前，略施薄粉，点染胭脂，佩上耳片后，红白绿三色辉映，光彩异常。因而耳片的价格不断上涨，每对耳片竟值二三十两银子，且往往抢购一空，供不应求。于是，那些头脑聪敏，手艺精巧的玉雕工匠，把原来的一片剖解成两片，结果色彩更妙，不知又富了多少玉匠人家。

"段家玉"系腾冲侨商段盛才于1910年前后由孟拱购入腾冲，同样不被人重视，认为是质地轻脆的“水沫子”次玉，比不上质坚而重的“硬玉”。后主人将其剖解，才知此玉介于“硬玉”与“水沫子”之间，水似玻璃，中夹蓝花，适宜制作手镯。此类手镯上市后，颇得人们的赞赏，就连好奇的男人也不甘寂寞，纷纷购买一只戴于腕上，从此“段家玉”名声大振，每对手镯售价数百银元。此玉共造手镯400多对，段氏因此也就成了名扬边陲的翡翠富翁。

“寸家玉”因腾冲著名侨乡和顺乡旅缅侨领、老同盟会员寸海亭先生而得名。1919年寸氏在缅甸以7 000卢比购进一个约百余两重的玉石，此玉在寸氏未购之前，原主未敢打磨，怕打磨之后不见绿色而赔本，更不敢解剖。寸氏购进此百两重玉之后，颇有胆识，将其先磨出来，见光泽如脂肪，色绿似秧草，但他求稳畏险，不敢“下刀”，将玉发往上海，作价12万元（当时约合卢比24万元）售出，买者比寸氏胆气更大，毅然将此玉解剖，果然表里一致，属世上难找之上好翡翠，遂又作价30余万元转售于人，继得此玉者，又将其制成珠子、挂片、戒指等精品，不免又赚若干万元，真是“好玉富三家”，惹得不少巨商啧啧称奇，跃跃欲试。

其实，在经营翡翠的绿色浪潮中，有人跃上峰尖，有人跌落浪谷，有浮有沉，而浮者极少，沉者居多。从明清以来，数百年间，也就只有那么几个出名的大玉，可谓富了一伙，穷了一片。永昌地方志中有一段记载：“君不见，永昌城南宝井路，七里亭前碗水铺，情知死别少生还，妻子爷娘泣相送……得宝归来似更生，吊影惊魂梦犹怕。”美丽的翡翠背后故事总是很多，我们看到了成品的光华，却不知其身世复杂。

四、厚德的礼物

中国在夏商时期进入奴隶制社会，青铜器的发明促进了生产力的发展。这时，原来具有权力象征的圭、璋、钺、戈等玉器变成了用于祭祀的礼器和仪仗器。西周时，周公制礼作乐，据《周礼·春官·大宗伯》载：“以玉作六器，以礼天地四方。以苍璧礼天，以黄琮礼地，以青圭礼东方，以赤璋礼南方，以白琥礼西方，以玄璜礼北方。”玉璧、玉琮、玉圭、玉璋、玉琥、玉璜就是六种礼器，即“六器”。此外，周礼还规定了天子与诸侯的服饰制度，建立严格的等级制度。如皇帝冕冠前后备有“十二旒”，用玉288颗，玉珠使用白玉。又如“天子佩白玉而玄组绶，公侯佩山玄玉而朱组绶，大夫佩水苍玉而缁组绶，世子佩瑜玉而綦组绶，士佩瓀玟而缊组绶。古者君子必佩玉。”至此，中华玉文化完全步入礼器玉时代。

东周时期，诸侯混战，礼崩乐坏，西周初期制定的礼玉制度遭受了严重的打击。春秋时期，百家争鸣，对玉器的价值和功能也进行了一次深刻的讨论。当时代表平民的墨子强调“赖其力者生，不赖其力不生”，他反对掠夺战争，主张节约，把是否有利于解决人们的温饱作为衡量价值的标准，他指出，“和氏之璧，随侯之珠，三棘六异，此诸侯之所谓良宝也，可以富国家，众人民，治行政，安社稷乎？曰不可。”意思是“和氏之璧”等天下公认的宝物，既不能使国家富裕，也不能使人丁兴旺，对社会安定起不了作用，所以不是什么宝物，只是少数统治者的奢侈品而已，认为用玉“费财费力，不加利”，对奢侈的用玉活动给予全面否定。代表新型地主阶级的韩非子则极力主张以“法”为中心的“法、术、势”三者结合的思想，忽视玉器带给人的精神享受，把玉器等同于纯粹的物质用品，认为“有实用价值的玉器才有价值”。儒家创始人孔子则采取比较实际的态度，不仅喜爱玉礼器，而且呼吁重建礼制，将玉器人格化，提出“君子比德于玉”，从仁、知、义、礼、乐、忠、信、天、地、德、道11个方面对玉的道德内涵做出详尽的描述。他的描述最终形成了儒家用玉体系，对后世有着深远的影响，君子佩玉一时成为风尚。

儒家将玉的美与人的品德融为一体，用玉的品质比喻一个人的品德、人格。后来的“宁为玉碎，不为瓦全”的崇高牺牲精神，即是以玉的纯洁、高尚为喻，宁可粉身碎骨，也不愿做丑陋小人。今天，虽然以玉比德的风气大大淡化，佩玉者多数已说不出玉有多少道德内涵，但佩玉作为一种有道德修养和文化品位的象征，依然为玉文化影响下的国人所认同。由此，玉也成了一种时尚的礼物，寄寓着送礼者的崇高敬意与美好祝福。

由于自古以来，玉被赋予了如此美好的寓意，古往今来的文人墨客无不为之倾倒。而作为集天地之灵气诞生的玉中之王——翡翠，更是灵运之石的代表。诞生于清朝的鼎祥商号，一直以来都传承古老的工艺，那里的每一块翡翠都经历了一段传奇的旅程，从翡翠原石的源头缅甸帕敢，到佩戴翡翠的消费者身边，每一块鼎祥翡翠都经历了原石采集、石料分拣、切割、分光、滤色、雕饰设计、精细雕刻等64道严谨的工序，每块翡翠都倾注了勤奋、灵感与巧思。这些环节，对于至臻完美的翡翠而言，都不可或缺，使翡翠所蕴藏的运道得以尽情展现。

翡翠作为礼品、信物、吉祥物广泛应用于人们日常生活和各种交往之中，是亲属、朋友之间表示爱心、感情、良好祝愿或祈求平安的首选馈赠之物。在情人节男士送给女友一件翡翠连心锁礼物，表示心心相印；丈夫买给妻子，妻子买给丈夫，代表永结同心的爱情；晚辈送给父母亲，往往买桃形的翡翠，祝愿父母长寿；父母买给晚辈，认为孩子太顽皮的，就买翡翠观音或弥勒佛给孩子；孩子出国深造，送一对方牌翡翠步步高佩件，望学业有成，或者送子刚牌则可让孩子记住“训诫”，望子成龙；送给朋友的结婚礼物，可以选购一些寓意为天长地久的龙凤呈祥佩，备受新人喜爱。

鼎祥翡翠，不仅传承了中国古老的历史文化和千百年来的雕刻手法，还与时俱进地吸纳了时尚的元素，精心雕制的翡翠制品，包含中国古老韵味和天地之灵气。

如鼎祥翡翠的冰种飘兰花祥龙如意挂坠，玉质清透细腻，光感强，絮状飘兰花如龙腾祥云，龙首斜刀细雕栩栩如生，龙角、龙须清晰可见，龙尾化为如意。寓意龙凤呈祥、吉祥如意，乃祈福求运之佳品。

翡翠因为具有灵性，深受广大消费者喜爱，也是送礼祝福的上乘佳品。这块出自于鼎祥的松鹤延年翡翠挂坠，采用上好满绿翡翠，浮雕松树、仙鹤，寓意长寿延年，成为赠予长辈的最佳礼物。

如今，翡翠玉饰的款式、造型、创意及做工等都有很大改进，翡翠摆件也因其吉祥性、玩赏性和艺术性而成为送礼佳品。其主要品种有玉器人物、花卉、雀鸟、走兽、器皿、玉山籽雕等各种中小摆件，各种玉石盆景，玉石样本等，从原石到雕件应有尽有，色泽丰富、别具情趣。人们在观

鼎祥翡翠的冰种飘兰花“祥龙如意”挂坠

鼎祥的“松鹤延年”翡翠挂坠

赏、把玩翡翠玉器时得到的是精神和文化的享受，将其作为礼品馈赠，往往能体现出送礼者的高雅情趣，带给对方的也是一种精神的舒适与满足。

五、收藏的佳品

在国际珠宝交易市场，我们常见的高档珠宝首饰包括钻石、红蓝宝、祖母绿、金绿猫眼、珍珠和翡翠。在国内各大艺术品拍卖行里，为人们熟知的玉器拍品多为白玉和翡翠。随着高古玉器的难于捉摸和新疆和田仔料的近乎枯竭，当代玉雕大师的翡翠精品一直受人推崇，其拍卖成交业绩更是引人注目：2008年，佳士得香港春拍上，一串翡翠珠链钻石扣以1 722.7391万元（1992.75万港元）成交。2007年苏富比春拍上，一对翡翠镶钻双圈耳坠，被一亚洲私人买家以569.6万港元收入囊中。而一套盒装清乾隆御制翡翠和田玉扳指（共计7枚）以4 736万港元成交，此拍品在10年之前，于另一家拍卖行拍卖时，价格是497万港元，10年间升值近10倍。纵观翡翠在国内玉器市场的整体走势，以及其在世界范围内珠宝首饰奢侈品中的地位，投资收藏翡翠将是不错的选择。

翡翠原料是不可再生资源，上等翡翠只产在缅甸伊洛瓦底江支流乌龙河一带几百平方公里的范围内。俗话说“黄金易得，翡翠难求”，都是源于翡翠产地的唯一性、成矿的复杂性以及产量的不确定性。不过翡翠在生活中并不少见，只有高档翡翠才具收藏价值。据鸿海商品拍卖公司古董部专家冯杰说，“材质优良的高端翡翠，正如市中心的房子，越买越少。”

鼎祥玻璃种翡翠挂件，种好色阳俏，水头足近似七至十分，是非常罕有的高档翡翠。

那么什么样的翡翠才算是高端翡翠呢？一般认为，翡翠的价值并不是按年代的久远来判断的，收藏翡翠要选择纯正的天然正品，还讲究种、水头、颜色等要素，各方面都完美的方为上好翡翠。种即翡翠的质地与结构，质地越细腻，玉质就越晶莹剔透，以玻璃种最佳，不太透的冰种为次。水头即为透明度，透明度高的翡翠像一汪清水一般，仿佛含有饱满、充足的水分，为上品，玻璃种就是透明度很高的翡翠。翡翠的颜色有绿、红、黄、紫等多种，其中以绿色为佳，色彩均匀，色正、浓、翠为上品。此外，还要看翡翠的体积大小、规整度、工艺是否精美等，这里也简单谈谈各种等级翡翠的市场参考价及收藏投资空间。

1.极品翡翠

品质特征：纯天然A货翡翠；颜色绿而浓郁，其绿具有正、阳、匀、浓、俏的特点；透明度高，水头足，老坑玻璃种或冰种；质地细腻；翡翠成品内无石纹、石花、黑斑、裂绺等杂质；体积常见蛋形戒面或耳钉大小，亦有大块体者。

雕琢工艺：由于此种品级的翡翠稀少而珍贵，故雕琢过程中一般减少去料，依其原料大小随形而琢。

市场参考价：2007年4月，北京某珠宝拍卖会上，预展一满绿翡翠大戒指，其翡翠戒面为蛋面，2.2cm×3.1cm，另有钻石264颗，参考价：450万~500万人民币。

投资建议：此类翡翠存世量小，品质极高，有帝王之霸气，极具收藏投资价值；但由于其不菲的身价，非一般收藏投资爱好者所能企及，目前多为一些知名珠宝公司和高档首饰收藏家拥有。而珠宝公司对于此类精品，往往更注重其展示而非销售的价值。一来可以通过展示数百万甚至上千万的极品翡翠，提高企业的社会知名度；二是这类翡翠的升值空间往往大于其销售利润，商家单是将其摆放在店里，就能让它升值。

对于这种极品翡翠原石的持有者，建议在没有酝酿出好的题材和遇见一流的琢玉大师之前，宁可珍藏原石也不要轻易动刀。因为任何的雕琢疏漏都会降低其艺术美感和经济价值，而雕琢过程中玉料重量的减轻也会影响其价值。

2.上等翡翠

品质特征：纯天然A货翡翠；颜色有红、绿和紫色，分别代表翡、翠和春色（紫罗兰色），其中以绿色最为名贵，依其价值高低，绿色可以分为黄阳绿、葱心绿、鹦鹉绿、蓝水绿、菠菜绿等；透明度较高，水头较足，冰种；质地细腻；翡翠首饰内无绺裂和肉眼可见的杂质；体积大者价格更高。

雕琢工艺：通常雕琢成手镯和挂件。为了最大限度的保留其体积，雕琢过程中同样要考虑减少去料，依形而琢。在雕琢手镯时，一定要回避横向的裂绺。一条横向裂绺的存在，就会导致其价值大幅降低，甚至减半。对于雕琢观音、弥勒等挂件，琢玉的工艺相当重要，尤其是开脸的部分和弥勒的肚子，讲究面部对称自然，佛像表情和善，弥勒肚子丰满圆润为佳。

市场参考价：依其种、水、色的区别，价格在数百万到数十万之间；也有价格在十万以下的小件的吊坠。

投资建议：此类翡翠是目前主流拍卖市场上常见的拍品，也是具有一定经济实力的爱玉人士热衷的投资品类之一。它美丽、通透、高贵，可以投资收藏，也可以佩戴展示，以彰显买家的艺术气质、审美品味和经济实力。

行内有“内行买种，外行买色”的说法，可见翡翠的质地、种水是衡量上等翡翠价值的重要依据之一。投资此类翡翠，一定要注重品相，切不可单一考虑颜色因素，只有精致润泽而又富有吉祥寓意的上品，才更具升值空间。

3.翡翠玉雕作品

品质特征：纯天然A货翡翠；翡翠原石的颜色丰富，有红、黄、绿、紫等色；半透明至不透明，水头一般，也有冰种或蛋清种的；质地较粗，可见翡翠特有的翠性结构；石料不可避免的带有一些裂绺和杂质；体积较大。

雕琢工艺：此类翡翠的雕工至为重要，好的工艺能大幅提升其原石的价值。在雕琢过程中，玉雕工匠根据原料的形状、色泽、块体大小以及是否带有杂质等因素，依形而琢，运用俏色巧雕，并有意识的回避玉料的绺裂和杂质，最终让一块顽石以一种精美艺术品的形式呈现在世人面前。

市场参考价：主要依据玉雕作品体积的大小，结合雕琢工艺和题材，价格在万元到几十万元不等。

投资建议：此类翡翠玉雕作品，投资门槛较低，但其收益同样可观。

相比同样块体大小的和田玉，仅玉料的买入价格就可能是这类翡翠的百倍甚至千倍；但由于这种翡翠原石本身并不那么引人注目，故目前市场卖价相对平稳，值得买家关注和介入。

要挑选和购买这类翡翠玉雕作品，关注中小型玉石拍卖会、古玩商店以及广东和云南的翡翠加工、销售集散地，都是不错的选择。对于玉雕本身，则一定要选择雕刻寓意好、俏色运用和谐得当、整体讨人喜欢的作品。如果能有幸遇见工艺美术大师或年轻玉雕艺术家的精品，其升值潜力更是可观。

另外，目前玉雕发展的新动向是复合材料的使用，即翡翠与木雕、金属造型甚至是多种材质相结合的运用。例如用硬木做装饰的小门和家具，用翡翠雕琢童子，以反映家庭生活和美、幸福的造型等。整体用材不多，也不需要过于高档昂贵的玉料，但富于人情味儿的景象顿时产生。让购买者既能装点家用，增添生活情趣，又能以少量的资金投入，享受收藏投资的乐趣。这类翡翠玉雕作品投资门槛不高，有效的降低了风险。目前市场认知度也刚刚起步，价格虚高情况相对少见。同时，其艺术价值和欣赏价值比较符合收藏的理念，可谓真正做到集投资、收藏于一体，是值得买家小试牛刀的翡翠投资收藏品类。

第三节　溯源清王朝　品味翡翠风

对于大多数中国人来讲，无论男女老少都很喜欢翡翠，这起初是源于明末清初之际，翡翠从缅甸经丝绸之路传入了中国。而玉器自诞生之日就带有鲜明的阶级属性烙印，翡翠代表的绿色时尚得以刮遍大江南北，也正是由于清朝统治者以及当时的贵族阶级对它的喜爱和追捧。让我们沿着历史足迹，去探寻清宫当年的翡翠轶闻，欣赏一下故宫博物院馆藏的翡翠精品。

一、翡翠玉器的政治文化内涵

玉文化的政治经济内涵是从社会有阶级开始的，在中国古代，玉是王权的象征，是最高统治阶级的专属品。玉具有鲜明的等级地位、财富政令象征性，在王公贵族中，不同的等级佩玉有区别；对于一般百姓来说，玉让人既期盼拥有，又望而生畏。虽然从隋唐开始，玉器流入民间，但这种等级思想还是一直延续下来。

例如，清朝的官员将孔雀翎毛饰于冠帽后作为冠饰，官职高低不同戴翎也不同。用来插孔雀翎子并使之与冠帽连接的附属饰件叫翎管，式样如旱烟管粗细，长两寸许。翎子就由此插入，戴上冠帽后，翎子就垂在脑背后。低级官员的翎管只准用红玉，而文武大员所戴花翎的翎管都是用各类宝玉、象牙或者玻璃烧制而成的，其中以翡翠翎管等级最高、价值最大。当时一般勋官高位大员的翡翠翎管价值可达七八千银子，而一些清水衙门的京官头上的翎管也就值二三两银子。可见，玉的阶级属性非常强，不同身份、不同地位的人所使用的玉器种类和质量是不一样的。

二、清王朝统治者的翡翠情结

在恢弘的紫禁城里，曾经居住过24位有着不同性情、不同嗜好的明清皇帝，而在这些帝王们中间，有两个人却有着一种完全相同的爱好，那就是他们都特别喜欢玩玉。据说，故宫现今存留下来的3万多件玉器中，有2万多件都历经了这两个人的把玩和收藏，他们便是执政时间长达61年之久的乾隆皇帝和垂帘听政48年的慈禧太后。

清代玉器的辉煌几乎可以看作是一代帝王缔造的一个神话。乾隆皇帝一生爱玉、赏玉，这位帝王在位时期中有40年是清代玉器，甚至也可以说是古代玉器一个最辉煌的年代。今天故宫博物院馆藏的数万件玉器，也都是这一时期收藏入宫的。在他留下的诗作里，就有800多首咏玉诗，这位雄心壮志的帝王甚至还拥有一个因为爱玉而得来的雅号——玉痴。1793年，一位叫马戛尔尼的英国使臣带着大英帝国的礼物来拜见大清朝的乾隆皇帝时，喜爱珍玩玉器的乾隆回赠给他的是一只精工细作的白色玉如意。当时的马戛尔尼或许还不太明白，一个原本用来挠痒痒的物件儿，为什么会被中国人推崇为一种挚爱珍宝。在他的眼里，这东西不过就是一块儿不怎么值钱的白色石头。而乾隆时期制玉的极致，甚至给后人留下了至今也难以解答的工艺之谜。一种清代独创的玉器样式——玉山子，将玉器的题材带入一个更为广泛的空间。其中，最负盛名的《大禹治水》青白玉玉山子浑然巨制，高达2米多、重量超过5 000kg，再现了当年大禹治水的场面。据记载，上面涉及复杂的人物和山水造型，历时10年才制作完成，如此浩大的工程和复杂的工艺，在今天看来仍是匪夷所思。

乾隆逊位100多年后，清代玉器的风尚为之一变。一种在玉文化史上默默无闻的玉料——翡翠异军突起，它的声望超过了传统的和田玉，在很短的时间内迅速颠覆了中华民族几千年的用玉历史。翡翠作为“他乡之石”自此在我国得到了空前的重视，目前我们能看到的大量翡翠制品都是清朝遗物，例如朝珠、翎管、扳指、鼻烟壶、烟袋嘴、戒指、项链、手镯、挂件等。翡翠能在清朝兴旺起来，除了与传统的玉文化观念有着内在的联系外，还有一个非常重要的原因，那就是清朝统治者对它的青睐，其中又以垂帘听政48年的慈禧太后为盛。

慈禧太后，姓叶赫那拉，乳名兰儿，生于清道光十五年（1835年）十

慈禧太后与乾隆皇帝，两位曾经的中国最高统治者，对翡翠的迷恋却如出一辙

月，满洲镶蓝旗人。咸丰二年（1852年）入宫居住储秀宫，赐兰贵人。两年后晋懿嫔。咸丰六年（1856年）生子载淳（即同治皇帝），晋懿妃。咸丰七年（1857年）晋懿贵妃。咸丰十一年（1861年），咸丰皇帝病逝于承德避暑山庄，年仅6岁的载淳即位，懿贵妃被尊为圣母皇太后，上徽号“慈禧”。辛酉政变，慈禧走上政治舞台，垂帘听政，统治中国长达48年。

作为国家统治者，慈禧拥有至高无上的权力，显赫的地位。虽早年丧夫，中年丧子，国事、家事给她带来诸多烦恼与操劳，但她善于调整自

己、化解心结，凡世间享乐之事无所不好。与多数帝王相同，她的日常生活处处显示王者的尊贵身份。作为一名女性统治者，慈禧又有着普通女性的爱美欲望，她的特殊位置使得这种欲望能够得到极大的满足。慈禧太后对翡翠的热爱达到了几近疯狂的程度。在她居住的长春宫里随处可见各种翡翠玉器用品，饮茶用的是翡翠盖碗儿，用膳使的是翡翠玉筷，头发上插的是翡翠簪子，房间里熏香的是翡翠香炉，手指上戴的是翡翠戒指，手里经常把玩的是一颗翡翠白菜。

三、鼎祥与皇宫的不解之缘

慈禧太后一生有许多嗜好，她喜欢过年，也喜欢看戏。而她喜欢过年的真正目的并不只是为了图个热闹和沾点儿喜气，而是更喜欢收年礼。每当别人送来的礼物，慈禧都会一件件地仔细过目，喜欢的就留下来用，不喜欢的就锁进仓库里，也许再不去看上一眼了。这些礼物包括细小的用品、珠宝、绸缎、衣服等，应有尽有。慈禧从28岁与慈安一起“垂帘听政”，到她74岁死去的46年里，每年过年都要收受礼物，有时候一年就能收到装满几个房间的礼物。因为礼物太多，慈禧设立了专门的收藏间，这也就是“锁在库内”这种说法的来历。相传这个珠宝房里，四面摆着檀木方橱，盛着大大小小的玻璃锦盒，那些用绣缎包裹着的精致盒子里边就装满了各式各样的珠宝，金银、宝石、珍珠、玛瑙、翡翠，数也数不清。因为慈禧很在乎这些年礼，大臣们都把送年礼看作是巴结这位老佛爷谋求个人发迹的大好机会。

据传，当年一个外国人拿着一颗光彩夺目的钻石敬献给慈禧太后，这位权倾天下的晚清女人面对这样一件从来没有见过的舶来品，流露出了一丝不屑的神情，她只挥了挥手，淡淡地说了一句：“边儿去。”也许在这位东方女人看来，这件喷射着火彩的钻石远不如她收藏的那些石头们可爱。而一次，有位大臣捧着一块产自缅甸的绿色玉石进献给慈禧太后，面对这个水

慈禧珍玩的翡翠鼎，相传由云南道台从鼎祥商号获得进贡慈禧

润润、绿莹莹的小物件儿，慈禧的眼睛里忽然大放异彩，她迫不及待地大声喊了起来，"好东西！赏！"这件产自缅甸的绿色宝石就是"翡翠"。

清朝皇宫里遍地都是稀世珍宝，唯有翡翠深得皇帝喜爱，慈禧在她执政期间，为了满足自己对翡翠的喜爱和占有欲，大力提携翡翠商号，便于他们从缅甸运来更好的翡翠，并且毫不掩饰自己对翡翠的喜爱，这也给许多有实力的商号得以发展壮大的机会。

李琮瑢的后人，在缅甸创立的"鼎祥"商号，就是长期为慈禧"运输"翡翠的商号之一。鼎祥作为缅甸北部雾露河附近颇有影响力的翡翠巨贾，被朝廷钦点成为"皇宫官方"的翡翠收集渠道之一。每年，鼎祥都会将上乘的翡翠，令商铺最有名的能工巧匠雕刻翡翠制品，进贡朝廷，以翡翠为商号庇佑。

鼎祥商号敬献的众多翡翠制品中，深得慈禧喜爱的是一个翡翠香炉，以鼎为型，玉质细腻，翠色浓艳，俏色巧雕三兽卧于鼎端，集聚透雕、浮雕、斜刀等手法，将瑞兽雕刻得栩栩如生。每当袅袅青烟从香炉中升起，星星之火能将房间映绿，且炉壁无论何时都是温润凉爽，堪称一奇。这只翡翠鼎，也是"鼎祥"商号特意送给慈禧的，就是希望"老佛爷"能爱屋及乌，能记着商号，保商号长青万代。

四、慈禧太后的翡翠西瓜之谜

相传慈禧太后在她成千上万件宝物里，最喜欢的是一对翡翠西瓜。据说，这对翡翠西瓜有着翠生生、绿莹莹的瓜皮，带墨绿的条纹，还能影影绰绰地看见瓜里的黑瓜籽、红瓜瓤。慈禧对它可谓是爱若至宝啊，就是放在最坚实的柜橱里还是觉得不放心。后来，又加上一把机械锁，如果要想打开这把锁，必须把钥匙插入锁心左转五次才行，如果方向转错了，或者多转少转了一圈儿半圈儿的，就根本打不开。为了这对翡翠西瓜的安全，慈禧还特意派了几名亲信太监，三人一班，日夜轮流看守这间珠宝房。每到高兴的时候，慈禧太后就会让太监把翡翠西瓜取出来，在自己手里尽情地把玩观赏一番，她还经常向人夸耀说："这对儿翡翠西瓜啊！你找遍天下也就这么一对儿。”

1.皇宫深闺　突遭贼盗

有一年，颐和园里忽然发生了一连串的怪事儿。不是今天丢几个元宝，就是明天丢几颗珍珠，就连慈禧的寝宫乐寿堂的摆设也被人偷走了几件。看来，这是园子里闹贼了！这个时候，慈禧太后马上就想起了她心爱的那对翡翠西瓜。连忙嘱咐手下太监要严加看管好她的那两件宝贝，正在这时，一名太监忽然慌慌张张地跑过来禀报，说翡翠西瓜也没了！慈禧听后，不禁勃然大怒，立刻就把几名看守珠宝的太监打得死去活来，可奇怪的是，这几个太监没有一个人招认，只是一个劲儿地喊冤。慈禧立刻又命人一边在颐和园里仔细搜寻，一边在京城内外张贴告示，悬赏寻宝。那时候，颐和园一带，岗哨罗布，严密探查，到处都在谈论翡翠西瓜这件事。就在这时，玉泉山西边坟户营住着的一个人引起了官府的注意。

这个人叫王老道，是半年以前从山东来的，住在开店的李家。此人头上盘着道髻，见多识广，为人仗义。人们看见他一不经商，二不种田，却还不愁吃喝，他每天很早就起身，经常来往于颐和园和玉泉山一带。有人说，有时看见他到静明园天下第一泉去洗脸，有时又到清水院去踢腿练功，有时还到西顶庙庙会上去耍两趟拳脚，见到的人说他练就了一身超群出众的武艺。还有人说，他脚板底下长着一撮毛，能蹦高跳远、蹿房越脊、快步如飞、日行千里，简直就是一个名不虚传的飞毛腿。

不管这些传闻是真是假，反正王老道在坟户营住下以后，附近的三里五屯确实发生了不少稀奇古怪的事儿。比如像坟户营的李花子，他穷得丁当响，就靠给人看坟过着半饥半饱的日子。一天早晨起来，他发现窗台上放着两个元宝，下边还压着一张纸条，写着："家中贫寒，不能没钱；有钱别花，买地种田。"李花子以为自己命好，是财神爷下界送钱来了，就买了几亩山地，种起庄稼来了。再后来，北坞村的奥许和，他八十岁的老母亲得了重病没钱医治，愁得打不起精神，可是在做饭点火时，从灶膛里发现了一个纸包，打开一看，纸包里是两颗珠子。后来，他为母亲治好了病，又买了几亩地种，也不愁没饭吃了。官府听说了这些怪事，经过反复探查，就注意上了这个行踪诡秘的王老道。

一天晚饭后，王老道对店主李掌柜说："我住店半年多，蒙你多方照料，我非常感谢，这是给你的店钱。"说着，就取出一个元宝递给李掌柜。李掌柜说："哪儿用得了这么多？"王老道说："你收下吧！若是给你惹了麻烦，我很抱歉；你若是因为我受了什么损失，这就算我付的赔偿费吧！"说完，王老道背上一个小包袱，就朝东走了。李掌柜刚把元宝收藏好，就闯进来一帮衙役，持刀挂剑，嚷嚷着要抓山东来的老道。他们审了李掌柜，又翻箱倒柜地折腾了半宿，却一无所获，只好扫兴地离开了坟户营。

2.几经周折　失而复得

坟户营村外有个双水门，是从颐和园到香山的必经之地。有一天，北坞村的简大爷捡粪时经过双水门，忽然闻见了一股臭味儿，他还以为是谁家扔掉的死孩子。等他扒开一看，原来是烂猪肉里裹着两块儿西瓜。简大爷仔细一看，这可不是两块儿能吃的脆沙瓤儿西瓜，而是一对儿硬邦邦的、能硌牙的翡翠西瓜。简大爷一看就慌了神儿，连忙报了官。后来宫里的太监们确认这正是颐和园里丢失的那对翡翠西瓜。

因为简大爷找回老佛爷的宝物有功，宫里特意赏了他一份从玉泉山往皇宫运送泉水的差事，这个差事的收入非常丰厚，简家也因此成了这一带的富户。翡翠西瓜虽然又回到了颐和园的珠宝房，但是盗宝的人却一直没有抓到。一天，静明园的一个石匠到玉峰塔上去修理塔门，爬到第七层时，看见一个老道正在睡觉。他没敢惊动那个老道，就赶紧报告了上司。当手持刀械的官兵前去捉拿时，塔上已经空无一人，只见塔壁上有些字迹，一看正是"王老道"三个字。

据说，慈禧太后对那个来无影去无踪的飞贼是恨之入骨，她曾下令绘影画像在全国通缉捉拿王老道。可说来也怪，从那以后，市面上就再也没有出现过王老道的踪影，官府的追查最后也不了了之。而慈禧太后对于那对失而复得的宝物就更加精心了。1900年，八国联军打进北京的时候，慌张不定的慈禧太后带着光绪皇帝仓皇逃往西安，据说离开皇宫的时候，她命令太监们把自己心爱的那些珠宝钻翠都统统装箱带走了，当然那对儿翡翠西瓜也一直都没离开过她自己的身边。

3.东陵大盗　墓中取宝

1908年的冬天，这位享尽了一生荣华富贵和盛名权力的慈禧太后终于命归黄泉，被葬进了河北遵化的清东陵。从那以后，似乎很少再有人提起翡翠西瓜那两件宝贝。似乎它们也随着主人一起烟消云散了。然而，二十年之后，一位失意的国民革命军军官心里却依然还惦记着这件事。当时他刚从乱军厮杀的战场上溃退下来，部下已经很久没有发军饷了。1928年6月，他率领他的残部败走在河北省的蓟县，这个地方正好距离清东陵仅一山之隔。赌棍出身的他面对乾隆、慈禧等人的陵寝，忽然想起了传说中地宫里那些难以数计的宝藏，不禁贼心四起。后来，他通过一名曾经侍奉过慈禧的太监之口，得到了一个惊人的情报，并抄录了一份由大太监李莲英口述、他的侄子笔录的《爱月轩笔记》，这个军官立刻就做出了一个举世震惊的决定。

这位企图盗墓的军官就是被后人称作“东陵大盗”的国民革命军第十二军军长孙殿英。

“东陵大盗”孙殿英

被孙殿英一度劫掠的清东陵，现已是国家保护文物

1928年6月中旬的一天，随着一声巨响，第十二军工兵用炸药炸开了慈禧陵寝的大门。当几名士兵在长官们的注视下，用刺刀撬开棺盖的时候，从内棺里闪出一片耀眼的光芒，在场的盗墓兵一个个惊诧得目瞪口呆。只见慈禧太后睡容安详地躺在宝床上。全身上下披挂着的都是金银珠宝，俨然把生前所有珍爱的物件儿都一股脑地穿戴在了自己身上。

只见她头戴一顶镶嵌着珍珠的凤冠，口含一颗闪着寒光的夜明珠，头顶处放有一片绿色的翡翠“荷叶”，手里握着一柄降魔玉杵，脚下堆放着一朵碧玺莲花，旁边还有两棵翡翠白菜和四个翡翠甜瓜，以及桃、李、杏、枣等翡翠宝物大小200多件。而在慈禧太后双脚的两侧分别摆放着的正是传说中的那对儿翡翠西瓜。这个时候，所有的盗墓官兵都相信了，一生极尽奢华的慈禧太后果真是一个地道的翡翠狂。

4.神秘失踪　惊现海外

1928年，除了慈禧身上的几件寿衣之外，慈禧地宫的珍宝被洗劫一空。当年的7月11日，原驻河北遵化马伸桥的国民革命军第十二军连夜开拔，离开了东陵。史料记载，孙殿英从地方曾强行征集了30辆大车。后人推测，这些车辆的真正用途就是用来运送这些东陵珍宝，那么，那些珍宝究竟价值多少？据《爱月轩笔记》记载，慈禧太后殉葬时，脚边放着的那两个翡翠西瓜，当年估价就为500万两白银。后人推算，1928年东陵被盗走的稀世珍宝价值过亿，可谓价值连城。

翡翠白菜，慈禧钟爱的手中玩物

后来，孙殿英盗陵丑闻败露后，举世震惊，全国各地各界人士纷纷通电谴责，要求严惩元凶孙殿英，追回珍宝。蒋介石下令阎锡山查办盗陵案。

孙殿英多方奔走，四处行贿，力求解脱。于是，满清皇太后慈禧口中那颗硕大罕见的夜明珠，成了"中国第一夫人"宋美龄的饰物；那对翡翠西瓜则变成了宋子文私藏的珍玩……

但也有人说，孙殿英当时送给宋子文的是一颗翡翠白菜，而不是翡翠西瓜。但无论是西瓜，还是白菜，最终都使这桩惊天大案的元凶得到了开脱。而那些价值连城的珍宝绝大多数都不知去向，那么，那对儿翡翠西瓜后来的下落究竟如何呢？

1947年，孙殿英在汤阴战役中做了刘邓大军麾下肖永银将军的俘虏。据一本关于肖永银将军的传记文学描述，肖将军从孙殿英随身携带的箱子里曾经缴获过一个玉石西瓜。然而遗憾的是肖将军现已去世，无法核实这段记载。后人也不知道这个玉石西瓜与那个翡翠西瓜究竟是不是同一物件。

后来，有人在台北故宫博物院参观时，看到了两个镇馆之宝，其中一个就是慈禧地宫里的那棵翡翠白菜，然而，几十年过去了，慈禧的那对儿翡翠西瓜却一直石沉大海，杳无音信。人们对它的下落也怀有种种不同的猜想，有人说它去了台湾，也有人说它还在大陆某某私人收藏家的手里……正当人们众说纷纭之时，20世纪90年代初，在美国的费城博物馆，忽然展出了一批东陵失窃的中国文物。令人惊奇的是，那对儿沉寂了将近70年的翡翠西瓜也意外地出现在了展台上。一时间，中外舆论一片惊叹之声。

五、故宫所藏的清宫翡翠精品

清宫旧藏翡翠器物目前仍是故宫博物院馆藏最多的，数量居世界博物馆之前列。这些藏品中，清雍正时期器极少，乾隆时期器渐增，其中摆设用的山子、生肖雕刻及朝珠、扳指等可能都是乾隆乃至嘉庆时的制品。晚清慈禧掌权时期所制翡翠器物多为扁方、簪、环、镯等花素首饰。

乾嘉时期翡翠制品的产地包括云南的腾冲、大理、昆明，内廷养心殿造办处如意馆或金玉作，以及苏州、扬州等织造与盐政的玉作坊。这一时期的器物是清代翡翠制品的精华，在全国古翠制品中占有重要地位。晚清时期翡翠品的制作地点可能是粤海、淮关等地，此时的造办处金玉作已无力生产翡翠作品。

在清宫的翡翠日用品中，餐具占有重要位置，主要有杯、盘、碗、盒等。由于日用器具的器形较大，因而高翠作品较少。这些作品胎体薄而均匀，器表平整光滑，较少起伏，表面抛光较好，表现出翠料的质感。

1.翠乾隆款仿古觚

所用翠料青中含绿，有翠料表皮的风化色皮色。翠觚海棠花瓣式口，喇叭形颈，足外撇。颈及足饰蕉叶纹，腹部饰凸起的兽面纹。底有篆书“乾隆年制”款。

觚是古代的一种饮酒器。明代流行用觚做陈设品，将觚置于案头，内插杂物。清代宫廷或称为花觚。此觚为乾隆时期的仿古作品，其造型、纹饰与古器有所差异。

2.翠缠枝莲纹盖碗

盖碗翠玉质地，粉白色地子中有绺绺绿色。碗为薄胎，口外敞，盖略小，地包天式，圈足。盖面及碗外壁浅浮雕缠

翠乾隆款仿古觚
清，高19.7cm，口径10.4cm×6.8cm

翠缠枝莲纹盖碗
清，通高8.3cm，口径12.4cm，足径4.7cm

翠太极纹浅盘
清，高3.5cm，口径17.5cm

翠桃式洗
清，高3.8cm，口径24.8cm

枝莲纹。

盖碗是清代宫廷饮茶用具，其泡茶量小，适于细细品饮。碗盖略小于碗，是为品茗时刮茶叶所用。慈禧饮茶视季节选用不同的盖碗。冬季饮茉莉花茶用黄釉“万寿无疆”瓷盖碗。夏季，慈禧喜欢用翠盖碗泡金银花茶，金银花在翠盖碗中浸泡清香可口，淡淡的茶汤与翠碗相得益彰，赏心悦目。茶具的讲究反映出品饮者的高贵身份。

3.翠太极纹浅盘

此盘翠绿色，局部色较重。作品敞口，口沿有唇，平底，圈足。盘心浅浮雕太极图案。

清代宫廷使用玉盘较多，此盘的造型也较为常见，但其他玉盘多无口沿上的唇。此盘翠色绿而质地细腻，有较好的透明度，在清代翠制品中极罕见，非常珍贵。

4.翠桃式洗

翠呈浅绿色，局部色较重。作品似盘，较浅，桃实形。洗底浮雕桃枝两杈，一杈伸于洗底为足，其上有双桃并桃花，另一杈延伸至洗口一侧为柄。

洗为文房用具，可用以洗笔。玉洗可能产生于秦汉之际，从考古发掘可以看到，汉代玉文具开始增多，目前所知最早的玉笔洗为故宫博物院收藏的汉代作品。这件翠洗所用材料珍贵，既可使用又可作为陈设品。

翡翠十八子手串
清，周长30cm，珠径1.2cm

5.翡翠十八子手串

手串用十八颗翠珠穿成，中有碧玺结珠两颗，下结珠与碧玺佛头相连，其下穿以珍珠、金铃杵、结牌等装饰物。结牌为金点翠地六瓣式，中心嵌东珠一颗，围以红宝石两颗和钻石四颗。结牌下连碧玺坠角两个。

手串是清代后妃的装饰品，质地有玛瑙、宝石、玉、木等多种。手串可以戴在手腕上，也可挂在衣襟的纽扣上。

6.白玉嵌珠翠扁方

此扁方玉质，两端以翠镶嵌荷叶与莲蓬，荷叶上伏青蛙一只，以碧玺饰粉红色荷花，另有红、蓝宝石制小花朵。此物选料严谨，雕琢精良，纹

白玉嵌珠翠扁方
清，长31.5cm，宽3.1cm

饰鲜活，为扁方之精品。

扁方是清代后妃美化发式的首饰之一，用于插发，有金、银、玉、翠、玳瑁等多种质地，有的光素，有的镶嵌珠宝。

7.翠烟壶

翠色青绿，局部色较深。烟壶近似椭圆形，上部略宽，小口，细颈，表面光素无纹。

鼻烟壶的使用主要是在清代。清前期的作品以方、圆类型为主，后期的作品形状多变化。乾隆时期，鼻烟壶的制造有了很大发展，主要表现在材质的多样化，动物、瓜果造型的作品数量增多。翡翠鼻烟壶的优劣多以材质本身判断，其纹饰、造型一般都较简练。

8.翠箫

翠质青绿。箫为竹节状，中空，侧面有音孔，一端有吹孔，佩黄绦和红穗。

翠烟壶
清，高6.45cm，宽5.3cm

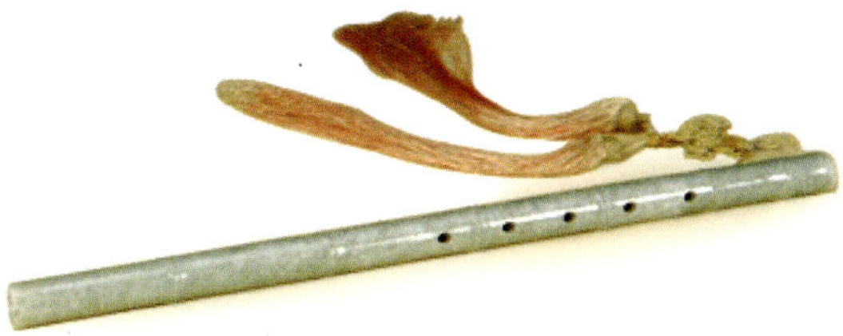

翠箫
清，长54cm，径2.8cm

箫是一种乐器，用于吹奏，其音悠远深沉，极为动人。古代乐器中，竹质管乐器较多，人称丝竹之声即指此，故玉笛、玉萧多仿竹形，但其音另有特色。

9.翡翠乾隆款龙纹杯盘

杯、盘两件一套。翠呈青绿色，局部绿色较深，呈丝絮状，杯和盘上又有暗红色，水、地均一般，胎较厚，光工不足，铊痕未消除。杯为圆形，平口沿，口微敞，两侧各有一龙形杯耳，杯身阴刻龙纹。托为折沿小盘，中心有覆莲座以承翠杯，盘内饰双龙戏珠纹。杯、盘底均镌“乾隆年制”阴文篆款，款甚精工。此杯为滇工之作，贡进内廷后，乾隆皇帝命如意馆的苏州刻字匠镌款。

此种托杯器，宋、明之时已流行，样式颇多，清代的作品更为精致，乾隆朝所制玉、翠托杯为托杯中之珍品。

翡翠乾隆款龙纹杯盘
清，杯高5cm，口径7cm，盘径18.5cm

第四节　与名人结缘释放翡翠光彩

翡翠是古典灵韵的象征，她与生俱来就有一种让人难忘的美感。翡翠晶莹剔透中的灵性，满目翠绿中的生机，诠释了佩戴者的内在品位和格调。也有人说，翡翠如女人，变化万千，演绎多姿多彩的人生年华；女人也要如翡翠，要有一颗坚强的心，要有永远都让人读不完的内涵，要像翡翠一样汲取日月之精华、天地之灵气，让自己永远年轻、饱满！

一、宋美龄对翡翠的情有独钟

中国翡翠时尚的兴起不能不提起两个曾在中国历史上叱咤风云的著名女人，一位是统治中国长达半个世纪的清代慈禧太后，另一位就是国民党的第一夫人宋美龄。

一生爱翠的宋美龄

宋美龄是继慈禧太后之后20世纪引领翡翠时尚的先驱，一生收藏了不少翡翠，其中最为出名的是其常佩戴的翡翠麻花手镯。陈重远在再版的《文玩鉴赏丛书——文物话春秋》（1996）中的“翡翠大王铁宝亭生财致富之道”一节中对于宋美龄的麻花翡翠手镯有特别的描述：“三十年代中期，铁宝亭买块翠料，块小成色好，不足之处是有疵点，收购价格便宜了许多。他请玉工剔除疵点，制作麻花手镯一对。这对翡翠麻花手镯，不但完美无瑕，而且式样新颖，碧绿如水，灵巧美观，居翠镯之冠。以4万元的价格卖给了上海的杜月笙。宋美龄见杜月笙夫人戴的这副翠镯十分美观，套在白嫩的手腕上，显得娇艳非凡，便拿在自己手里看了又看。杜月笙夫人顺水推舟，借机将这对翠镯敬

黄埔饭店，二楼的南厢房面朝黄浦江，是李达显翡翠沙龙的所在地

献。"这里陈重远老先生说到，先是翡翠大王铁宝亭亲自制作了一对翡翠麻花手镯，接着杜月笙夫人以4万银元买走了这对翡翠麻花手镯，最后是杜月笙夫人仍然以原来的买价4万银元将这对翡翠麻花手镯转让给了嗜翠如命的蒋介石夫人宋美龄女士。

据传，鼎祥翡翠前身"鼎祥"商号的创始人李琮瑢的后人李达显，为结交达官显贵曾特意在黄浦江畔的黄浦饭店长期包房，在一个秘密的小社交圈里贩售高级定制珠宝，不少上流名媛均以能得到鼎祥商号的翡翠为荣，对于爱玉识玉的宋美龄，李琮瑢特意为这位极具世界影响力的国民党第一夫人，挑选来自于缅甸帕敢的一块上乘翡翠，量身定制了一套翡翠饰品，翠色欲滴，大得宋美龄欢心。

宋美龄对翡翠极其热爱，经常佩戴翡翠出席各种重要场合。1997年宋美龄100岁生日宴会时，这位梳着传统发髻身着黑色旗袍的一代名女人出现在众多宾客和媒体面前时，人们为之一震，只见她佩戴着整套翡翠首饰：翡翠耳钉、翡翠珠链、翡翠手镯、翡翠戒指。整套翡翠首饰颜色质地均属极品，在整套翡翠饰品的装扮下，虽已是百岁老人，但仍是那样雍容华贵，仪态大方，尽显高贵气质。直到2003年去世，翡翠伴随着宋美龄度过了漫长的岁月。

二、鼎祥翡翠与影视红星

明星出席各种时尚活动，若想镜头随其所动，服饰、饰品的抢镜功力不容小觑，特别是在国际化的场合中，既要突出中国的特色韵味，又要不失国际时尚，如何才能两全其美？

翻开鼎祥翡翠历史的篇章，很多名人都选择佩戴翡翠饰品为其增色，鼎祥翡翠作为中国老字号品牌，被众多港星名流和影视红星所青睐。2010年4月18日，第29届香港电影金像奖颁奖典礼上，谢霆锋凭借《十月围城》中"阿四"的角色荣获最佳男配角，并且意外获得最佳男衣着奖，当他获得鼎祥翡翠时，除了感谢妻子柏芝为其精心打扮，更称要把鼎祥翡翠送给儿子庆生，顿显好男人风范。

由吴宗宪、高凌风、康康组成的“三大难高音”（“难高音”，就是“中音不稳定”，低音下不去，高音上不去），在内地举办演唱会期间，特意亲临鼎祥翡翠门店，与消费者共话翡翠，畅聊音乐，期间，综艺一哥吴宗宪更是耍宝起来“奥运冠军都有鼎祥翡翠，我垂涎很久啦！”

鼎祥翡翠与名人的故事有很多，郭可盈、李嘉欣、周海媚、闫妮、侯勇、张馨予……先后都被鼎祥翡翠的名气与工艺所吸引，与鼎祥结下了不解之缘。

2010年凭借《十月围城》中“阿四”一角，谢霆锋获得香港电影金像奖最佳男配角，喜获CEMNI千年鼎祥翡翠，表示送给儿子庆生

影视红星侯勇多次表明喜爱翡翠，尤其是千年翠钻鼎祥翡翠出品的高档翡翠饰品

“三大难高音”：（左起依次为）高凌风、吴宗宪、康康对千年翠钻鼎祥翡翠赞不绝口

港星周海媚佩戴千年翠钻鼎祥翡翠“三面伊人”系列的“伊人·倩影”

Disanzhang

Feicui Jianding Zhishi

第三章
翡翠鉴定知识

第一节　翡翠的宝石学特征

翡翠因为是珠宝玉石市场上的宠儿，鱼目混珠以假充真的现象也自然较为普遍，要想练就一双火眼金睛，首先就要对翡翠的基本性质有一定了解，本节简单介绍一下翡翠的宝石学特征。

一、翡翠的矿物组成

法国矿物学家德穆尔(Damour)1846年、1863年分别对和田玉及翡翠进行了化验分析，第一次从现代矿物学的角度指出了和田玉与翡翠在化学成分、矿物成分和物理性质上的区别。德穆尔根据和田玉与翡翠硬度的不同进行了分类，称和田玉为软玉(Nephrite)，指出和田玉的矿物成分属闪石类，主要组成矿物为透闪石和阳起石；称翡翠为硬玉(Jadeite)，在矿物学上属于辉石类。

从岩石学角度来看，翡翠是一种岩石，是以硬玉为主的由多种细小矿物组成的矿物集合体。它的主要组成矿物是硬玉(Jadeite)，次要矿物有绿辉石、钠铬辉石、钠长石、角闪石、透闪石、透辉石、霓石、霓辉石、沸石，以及铬铁矿、磁铁矿、赤铁矿和褐铁矿等，其中绿辉石在有些情况下会成为主要组成矿物。

二、翡翠的化学成分

翡翠由多种矿物组成，随着翡翠的组成矿物不同，其化学成分也相应变化。

1. 硬玉

以硬玉为主的翡翠就是传统意义上的翡翠，市场中绝大多数翡翠属于此类。硬玉的化学成分是$NaAlSi_2O_6$，若Cr^{3+}替代了Al^{3+}，会使翡翠产生绿色；Cr^{3+}替代量变化幅度较大，从万分之几到百分之几，直至形成钠铬辉石。

2. 钠铬辉石

钠铬辉石的化学组成是$NaAlSi_2O_6$，在翡翠中以三种形式存在：一是呈黑色小粒状内含物，Cr^{3+}的含量可达百分之十几；二是与硬玉共生，组成钠铬辉石硬玉岩，整体呈黑绿色，不透明；三是主要由钠铬辉石组成的钠铬辉石岩，港台等地的翡翠品牌多采用“干青种”的称呼，虽不在传统翡翠之列，但使用此材质制成的饰品仍有商业价值。如鼎祥翡翠出品的一系列干青环戒，即在此列。

3. 绿辉石

绿辉石的化学组成是$(Ca,Na)(Mg,Fe^{2+},Fe^{3+},Al)Si_2O_6$，是翡翠中一种重要的共生矿物，常以不同比例形成含绿辉石硬玉岩型翡翠或含硬玉绿辉石岩型翡翠。当绿辉石矿物含量达百分之百时，则为油青种翡翠，也是传统意义上翡翠的一种，原先出产数量较少，近年来在香港等地的翡翠品牌商品中有所增加，例如由千年翠钻鼎祥翡翠出品的葫芦（谐音“福禄”）吊坠。

鼎祥翡翠干青种戒指

鼎祥翡翠油青种葫芦挂件

三、翡翠的晶系与结晶习性

翡翠为晶质集合体，其中主要的组成矿物硬玉、绿辉石属单斜晶系。翡翠常呈柱状、纤维状或粒状集合体。

四、翡翠的结构

结构一词在岩石学中是指组成矿物的颗粒大小、形态及相互关系。

翡翠常见的结构有：纤维交织结构、粒状纤维结构等。在宝石学中翡翠的结构统称“交织结构”，这是因为在肉眼观察、手持放大镜观察或宝石显微镜的观察中，可以发现翡翠组成矿物全都呈柱状或略具拉长的柱粒状，近乎定向排列或交织排列。翡翠的“交织结构”在鉴定中具有重要意义，这一结构特征明显有别于其他玉石的结构特征。

五、翡翠的光学性质

1. 颜色

翡翠的颜色多种多样，是翡翠的价值所在。翡翠常见的颜色有：白色，无色，各种不同色调的绿色、红色、黄色、紫色、黑色、灰色等几种。翡翠的颜色按其呈色机理可以分为原生色和次生色。原生色是翡翠形成过程中由致色离子如Cr^{3+}所致；次生色为翡翠成岩之后外来有色物质浸染所致，如黄色、红色等。

观察时不仅要注意颜色的色调，也要注意颜色的组合和分布（俗称“色根”），是否为翡翠的正常颜色，是否是翡翠经常出现的颜色，以区别于其他相似玉石；还要观察颜色的分布，是否呈丝网状、沿微裂隙分布，以此来判断颜色为原生还是次生或经人工染色所致。

（1）无色

也就是无色透明。此种翡翠成分单一，由纯的$NaAlSi_2O_6$组成，并且

千年翠钻鼎祥翡翠出品的无色、浅翠色冰种或玻璃种翡翠，在港台地区颇受欢迎

鼎祥翡翠白色观音挂件

矿物颗粒细腻，结构紧密，透明度好。

（2）白色

白色翡翠组成的成分单一，由$NaAlSi_2O_6$组成，但结构松散，硬玉矿物颗粒之间有一定的空隙、残留空气或其他物质，降低了透明度，使得硬玉岩不透明，显白色。

（3）绿色

绿色是翡翠的常见颜色，所说的“翠”就是指绿色翡翠。翡翠的绿色由浅至深分为：浅绿、绿、翠绿、深绿和墨绿，其中以翠绿色为最佳。大多数绿色翡翠或多或少地含有杂色，呈黄绿、灰绿、蓝绿等色。如果黄绿色中黄色调很浅，成为黄阳绿，仍不失翡翠的艳丽，而灰绿及蓝绿则影响翡翠颜色的品质。翡翠的绿色主要由微量的Cr、Ti、Fe等元素类质同象替代所引起，含量越高，颜色越深。

同样是观音，鼎祥翡翠满绿翡翠观音挂件迎合了多数中国人的审美观

(4)紫色

紫色翡翠也称紫翠，按其深浅变化有浅紫、粉紫、紫、蓝紫，甚至近乎于蓝色。传统观念认为是由微量的Mn致色，也有人认为是由 Fe^{2+}和Fe^{3+}离子跃迁而致色，或与K^{+}离子的存在有关。

(5)黑色

翡翠的黑色有两种，一种在普通光源下为黑色，强光源照射则呈深墨绿色的翡翠，主要是由于过量的Cr、Fe造成的。此种翡翠的折射率和密度比一般翡翠高，折射率为1.67~1.68，密度为3.4g/cm^3左右。另一种是呈深灰至灰黑色的翡翠，这种黑色是由于含有角闪石等暗色矿物造成的，看上去很脏，是较为低档的翡翠。

鼎祥翡翠墨翠龙牌，粗犷大气间不失润泽丰沛

蓝紫色的翡翠紫罗兰挂件

（6）黄色和红色

黄色和红色是次生颜色，商业中称之为“翡”。当白色、紫色或绿色翡翠形成后，由于风化作用，形成赤铁矿或褐铁矿沿翡翠颗粒之间的缝隙或解理慢慢渗入而成。一般黄色多为褐铁矿所致，红褐色为赤铁矿所致。

（7）组合色

在珠宝界，对翡翠的一些颜色组合给予了一些特定的名称，如春带彩、福禄寿等。春带彩：紫色、绿色相间，有着春花怒放之意。福、禄、寿：绿色、红色、紫色同时存在于一块翡翠上，象征吉祥如意，代表福禄寿三喜。

翡翠的颜色丰富多彩，其色的形状与组合、色的深浅与分布千变万化。有时同一块料上可有五种颜色，又称为“五彩玉”。

2.多色性

多色性是指非均质体的单晶宝石在不同方向上呈现出不同颜色。翡翠属于晶质集合体，不显多色性。

位于香港九龙丹士汀道商业街区千年翠钻展厅内的一块鼎祥翡翠“福禄寿”摆件，黄白绿三色明显，是该店的镇店之宝

鼎祥翡翠红翡挂件，红翡色为主，巧妙的雕琢出葫芦造型，光洁圆润

紫色、绿色相间的翡翠手镯，俗称“春带彩”，尤其受到南方女性的欢迎，在鼎祥翡翠、周大福等香港翡翠品牌中，此类手镯销量占翡翠商品总销量的绝大部分

用于测试翡翠折射率的射仪率

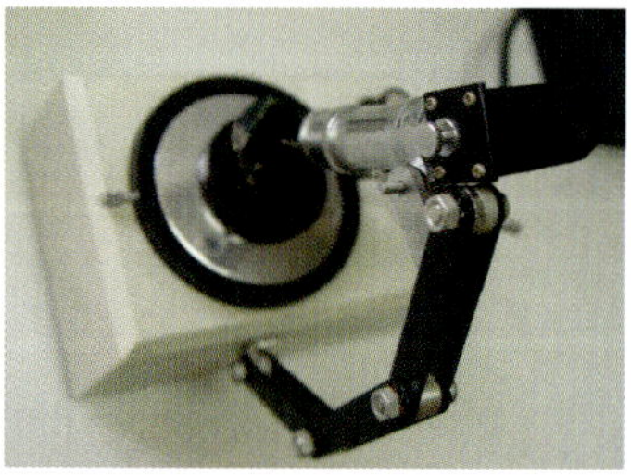

用于观察吸收光谱的分光镜

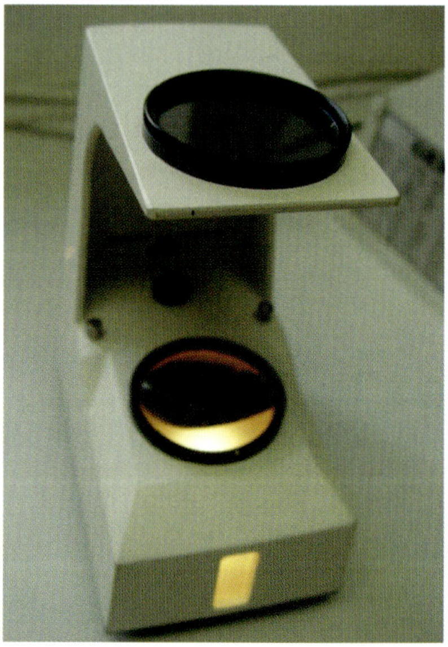

用于辨别翡翠单晶与多晶的偏光镜

3. 光泽及透明度

翡翠的光泽为玻璃光泽至油脂光泽，强于其他相似玉石。常呈半透明至不透明，极少为透明。在商业中，翡翠的透明度又称为“水头”。

一般来说，翡翠组成成分越单一，矿物颗粒越细，结构越紧密，则透明度越好，光泽越强；组成成分越复杂，颗粒越粗，结构越松散，则透明度、光泽越差。另外翡翠中含有过量的Fe、Cr 等微量元素时，透明度变差，甚至不透明。

4. 折射率

折射率是反映宝石成分、晶体结构的非常重要的常数之一，是宝石种属鉴别的可靠依据。翡翠的折射率为1.666~1.680(±0.008)，点测法常为1.66，很少与其他玉石折射率相混。

5. 光性特征

翡翠是多晶非均质集合体，在正交偏光镜下转动360°，透明度较好的翡翠在视域中都是明亮的。

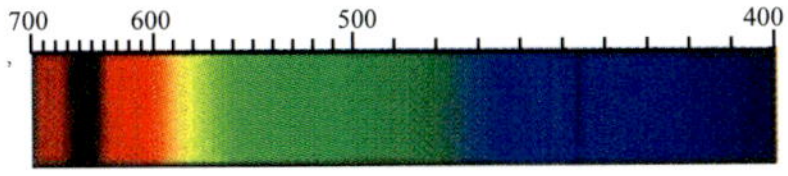

染绿色翡翠吸收光谱图示:660nm宽带

检测宝石发光性的紫外荧光仪

6. **吸收光谱**

宝石中的致色元素常有特定的吸收光谱，通过观察宝石的吸收光谱,可以帮助鉴定宝石品种,推断宝石的致色原因。

437nm吸收线是翡翠的特征吸收谱,是铁的吸收线。630nm、660nm、690nm吸收带或线是铬的吸收线，绿色越浓艳铬线越清晰。如果绿色很浅，则630nm就不易观察到。染绿色的翡翠在660nm处可有一条明显的宽带。

7. **发光性**

发光性是指宝石在外来能量的激发下,发出可见光的性质,可以作为宝石种属的辅助鉴定依据。天然翡翠绝大多数无荧光,个别翡翠有弱绿色、白色或黄色荧光。翡翠中若长时间经高岭石化可显弱的蓝色荧光。

早期充填处理翡翠可有弱至中等的黄绿、蓝绿色荧光；近期充填处理翡翠具无至弱的蓝绿或黄绿色荧光，染色的红色翡翠可有橙红色荧光,注油翡翠有橙黄色荧光。

六、翡翠的力学性质

1. 密度

翡翠的密度范围在3.25~3.40g/cm³，常为3.33g/cm³，几乎等于二碘甲烷(3.32g/cm³)的密度。翡翠的密度大于多数绿色玉石，用手掂量，翡翠较重，有“打手”的感觉，而石英岩质玉石等则较轻。

2. 硬度

对某种宝石矿物来说，其硬度是基本固定不变的，可作为鉴定宝石的依据。翡翠的摩氏硬度为6.5~7。颗粒较粗的抛光良好的翡翠表面常出现“橘皮效应”，这是由于长柱状、束状略具定向分布的硬玉颗粒间硬度差异所造成的，是翡翠内部结构的外在反映。

自然界的橘皮

反射光下翡翠原石表面见类似橘皮的现象，此原石来自鼎祥翡翠20世纪末从缅甸曼德勒开采出的一批原石

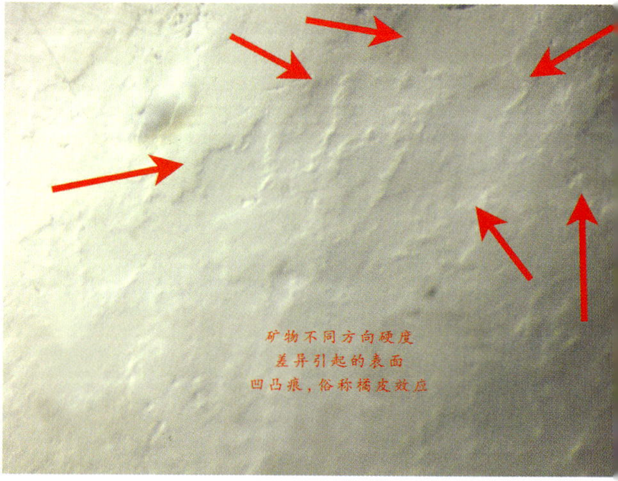

翡翠原石，表面放大30倍后可见的细节

矿物颗粒粗大的翡翠原石，“翠性”明显

又一块来自于缅甸曼德勒的翡翠原石，20世纪80年代由鼎祥翡翠从缅甸帕敢获得，剖开见“翠性”

3. 解理

解理是指宝石晶体在外力作用下，沿一定的结晶学方向裂开成光滑平面的性质。组成翡翠的主要矿物硬玉具有平行于{110}的两组完全解理，并且可有平行于{001}和{100}的简单双晶和聚片双晶。解理面和双晶面的星点状、片状、针状闪光也就是人们所说的“翠性”，俗称“苍蝇翅”或“沙星”，是鉴别翡翠的重要标志。“翠性”多出现在粒状纤维交织结构中，在白色团块状的“石花”或“石脑”附近较易观察。但是“翠性”并不是在所有的翡翠表面都能见到，矿物颗粒越粗大“翠性”越明显，颗粒越细腻越不易观察，如老种玻璃地的翡翠就看不见“翠性”。

第二节　翡翠的优化处理及肉眼识别特征

由于高档翡翠的稀缺性和高价性，市场上出现了用品质较差的低档翡翠经过优化处理后冒充高品质翡翠的现象。在国家标准中，优化处理（Enhancement）的定义为，除切磨抛光以外，用于改善珠宝玉石的外观（颜色、净度或特殊现象）、耐久性或可用性的所有方法。优化处理可近一步划分为优化（Enhancing）和处理（Treating）两类。

其中，优化是指传统的、被人们广泛接受的使珠宝玉石潜在的美显现出来的优化处理方法，现代宝石的大多数几乎都经过了这些优化而为人们所接受，在市场上可以不加声明当作天然宝石出售。翡翠的优化方法主要为浸蜡和热处理，经过这种优化处理过的翡翠与未经处理的天然翡翠一样，可以视为“A货”翡翠。

而处理是指非传统的，尚不被人们所接受的优化处理方法，属于处理的宝石在市场上出售时，必须声明经过人工处理的真实性。翡翠的处理方法主要有漂白浸蜡、漂白充胶、染色等，其中，经过强酸浸蚀，再注胶或注蜡处理的翡翠制品俗称“B货”翡翠；经过人工染色处理的翡翠制品俗称“C货”翡翠；而经过强酸浸蚀后，再进行染色和注胶处理的翡翠制品称为“B+C货”翡翠。

对于一个专门从事翡翠A货经营的玉商来说，翡翠B、C货是令人深恶痛绝的。因为原本很差的翡翠原料，经过处理后外观有很大改观，价格也不是很高。例如，外观相似的翡翠A、B、C货之间价格相差可达数十倍甚至数千倍。不过，B货翡翠美丽的外观只能维持几年的时间，而C货翡翠几个月之后便会褪色，翡翠经营者在销售时一定要对货品进行明确标识才可以。

虽然在实验室里，运用常规测试及现代测试技术（如红外光谱分析），可以有效地确定翡翠是否经过优化处理。但是，在一般情况下，普通消费者只能通过市场经验和肉眼识别来辨别真伪，本节将介绍一些常见的翡翠优化处理方法，以及在不借助任何仪器或仅有10倍放大镜的情况下，优化处理品种的肉眼识别特征。

一、热处理

加热处理的黄翡，兽的鼻子部位经过高温漂洗

1.目的

热处理俗称“焗色”，加热失水促进氧化作用的发生，褐铁矿变成赤铁矿，使黄色、棕色、褐色的翡翠转变成鲜艳的红色。

2.方法

将体积相近的翡翠清洗干净后放在炉中加热。样品最好包上，悬空吊在炉中。升温速度要缓慢，当翡翠颜色转变为猪肝色时，开始缓慢降温，冷却之后翡翠就呈现红色。为获得较鲜艳的红色，可进一步将翡翠浸在漂白水中，氯化数小时，可增加它的艳丽程度。

含有天然黄翡色泽的鼎祥翡翠挂件，玻璃光泽较强，兽的后大腿处有界限分明的光区边界

烧红翡翠（左）颜色鲜艳，界线不明显；含有天然翡色的鼎祥翡翠挂件（右）颜色偏暗，界线清晰

3.效果

与天然红色翡翠具有同样的耐久性。

4.鉴别要点

翡翠的加热处理属于优化，在贸易过程中可以不用指出。天然与焗色的红翡鉴别比较困难，因为二者形成基本相同，所不同的是焗色的红翡通过加热加速了褐铁矿失水的过程，使其在炉中转变成了赤铁矿。肉眼观察，天然红色翡翠稍微透明一些，而加热的红色翡翠则有干的感觉。

二、浸蜡

1.目的

掩盖翡翠的裂纹，增加透明度。

2.方法

将翡翠成品放入蜡的液体中，稍稍加温、浸泡，使蜡的液体沿裂隙和

浸蜡翡翠

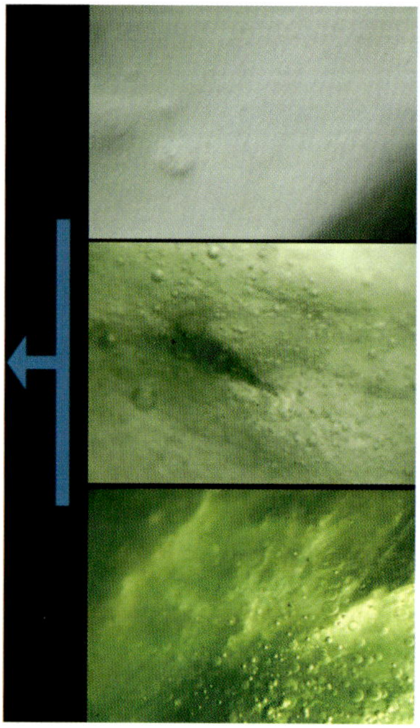

严重浸蜡的翡翠，显微镜下观察可见气泡

微小缝隙渗入，再抛光后可增加透明度，掩盖原有缝隙。

3.效果

这种处理方法能暂时掩盖翡翠中较为明显的裂纹，使翡翠透明度有所提高。

4.肉眼识别特征

浸蜡处理是翡翠加工中的常见工序，轻微的浸蜡处理不影响翡翠的光泽和结构，属于优化。严重浸蜡的翡翠，光泽变得暗淡且显示蜡状玻璃光泽，稍微加热翡翠可使蜡溢出。

未浸蜡的鼎祥翡翠手镯，色泽自然，没有那种不自然的“通透感”

三、漂白、充填处理

1.目的

翡翠的颗粒常因存在着一些铁、锰等元素的杂质，而产生黑、灰、褐、黄等杂色，影响了翡翠的美观程度，降低了翡翠的价值。为了去掉这些杂色，人们常用化学方法给翡翠漂白，俗称“洗澡”或“冲凉”。

传统玉器加工中，常用有机弱酸洗净翡翠表面的污渍，称之为“过梅酸”。目的是去除表面层杂色，不影响翡翠的耐久性，属于“优化”，目前仍在应用。而通常意义上所指的“漂白”是将翡翠置于强酸中，破坏翡翠的原有结构，并有物质带进带出，此种漂白属于“处理”。

“充填”是指对经过严重酸洗漂白的翡翠进行充填固结处理。在漂白过程中，去除杂色和脏色的同时也破坏了翡翠的结构，造成翡翠颗粒之间出现较多较大的缝隙，有的甚至呈疏松的渣状。这样的翡翠不可能直接使用，所以必须用一些能够起固结作用的有机聚合物（如树脂或塑料）充填于缝隙之间，既固结了翡翠又加强了透明度。

2.方法

早期B货翡翠做法很简单，先挑选好料或成品，然后用酸浸泡，直到腐蚀掉表层的杂色和污点后，再涂上一层蜡填平缝隙。

近期的翡翠优化处理技术有了很大提高，通常经过选料、切割、强酸

天然黄翡鼎祥翡翠贵妃镯无需填色充色，自然翡色同样冰洁光润

翡翠处理工厂

漂白充填翡翠

浸泡(又称为“白渣化”)、弱碱中和、清洗、烘干、加压注胶、固结、抛光等几个步骤来完成处理的全过程。其中,强酸使氧化铁溶解,结构变疏松,注入胶后固结,胶的成分是高分子化合物聚苯乙烯、邻苯二甲酸和苯氧树脂等。

3.效果

漂白充填就会使翡翠的结构受到一定的破坏,并且胶质固结物经过一段时间后会发生老化现象,翡翠的光泽、颜色、水头等均会发生变化,影响翡翠的耐久性。

4.肉眼识别特征

表层涂蜡的早期B货翡翠,肉眼极易识别,因为蜡的光泽明显低于翡翠的玻璃光泽;蜡遇热后会变软、脱落;用普通的针尖也可轻试。这种粗糙的早期B货翡翠即使不经加热,过几个月就会出现许多微小裂隙,裂隙中常析出(氧化)褐色粉末。目前,这种翡翠市场上已不多见。

近期处理的翡翠主要从以下几个方面进行识别。

(1)颜色

天然翡翠颜色自然、有层次感,绿色与白色界线分明。经强酸碱浸

一块翡翠原料切成三块,左边一块保持原样、中间一块经过了酸洗,右边一块酸洗后注胶

未经酸洗、保持自然原色的鼎祥翡翠仔料原石

泡处理的翡翠，由于翡翠结构被破坏，光线对翡翠的折射、反射都发生了变化，颜色分布由团块状、条带状向斑点状、碎块状转化，绿色与白色界线发散，显得模糊。另外，天然翡翠经放大观察，有时见黄色、褐色、黑色的杂质，而经过酸性溶液的浸泡的翡翠相对纯净，找不到杂质。但近年来也出现在充胶前有意识地在坯料中加入一些杂色或杂质的作伪手段，因此，要结合其他鉴别要点综合考虑。

（2）光泽

天然翡翠表面经抛光后，平整如镜，具较强的反光性，为玻璃光泽。经强酸碱浸泡处理的翡翠，结构疏松，没充填之前表面见溶蚀凹坑，使之产生漫反射，光泽变弱。加入树脂或塑料等有机充填物后，翡翠常有树脂光泽、蜡状光泽或者是玻璃光泽与树脂光泽、蜡状光泽混合。

（3）透明度

对于天然翡翠有一句行话称“龙到处有水”，因为翡翠中绿色往往呈

天然斑斓色泽的鼎祥翡翠挂件

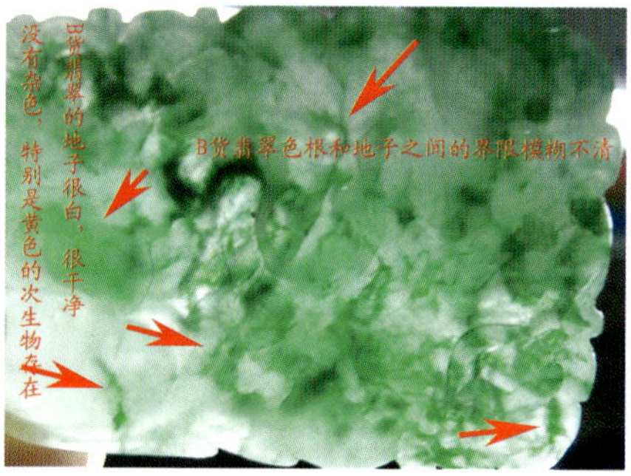

漂白充胶翡翠，绿色与白色界线模糊

未经处理的天然鼎祥翡翠，
绿色与白色界线明显

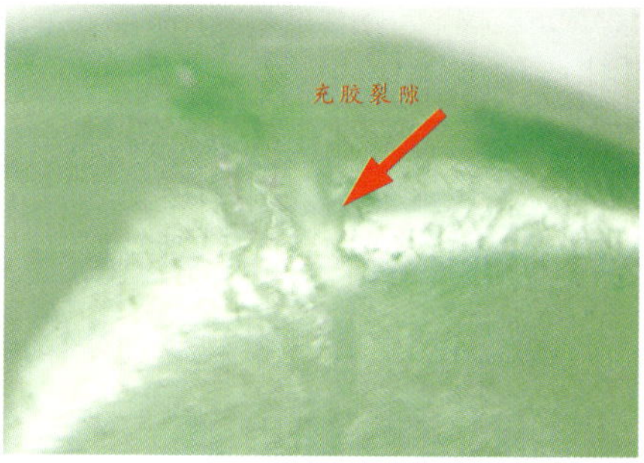

翡翠充胶的裂隙

带子状出现，犹如一条龙一样。“龙到处有水”是指绿色部位往往比较透明，白色部位相对透明度会差一些，体现了天然翡翠在不同颜色部位透明度的不均匀性。而漂白充填的翡翠则不同，由于经过了强酸浸蚀和注胶处理，原来白色不透明的部位，往往会变得比较透明，且白色部位与绿色部位透明度一致。

“龙到处有水”，荣膺奥运冠军庆功奖品的鼎祥翡翠系列“奥运五环”，带状翠绿伴随着通润的水色。

（4）表面观察

这种方法处理的翡翠由于充填物与翡翠本身的硬度差别较大，在原生的裂隙处呈较明显的凹沟，充填物明显低于两边，许多绺裂组成了纵横交错的“沟渠”。反射光观察在较大的“沟渠”中可见胶结物或残留气泡，但近期加工技术较好的漂白加充填处理的翡翠表面非常光滑，无上述现象，需更加仔细观察和测定。根据抛光工艺的不同，将充填处理的翡翠表面现象归纳为以下三种。

1）表面明显可见丝网状的酸蚀纹特征。这是确定无疑的漂白充填翡翠，但要注意与抛光不良造成麻点状表面相区分：漂白充填处理翡翠裂隙边缘较为圆滑，“翠性”不明显；而抛光不良所形成的麻点状凹坑多呈三角形，边缘较尖锐，分布不均匀，多出现于颗粒粗大处，“翠性”明显。

2）表面抛光较好，但局部可见细小裂纹相对集中。这是因为翡翠经漂白充填处理后又经过较为细致认真的再抛光，使得表面较光滑，局部细小裂纹是被破坏的翡翠颗粒间的极细小缝隙未被完全充填的表现。

3）表面极为光滑，细小的裂纹很少，但在表面出现很多类似“翠性”

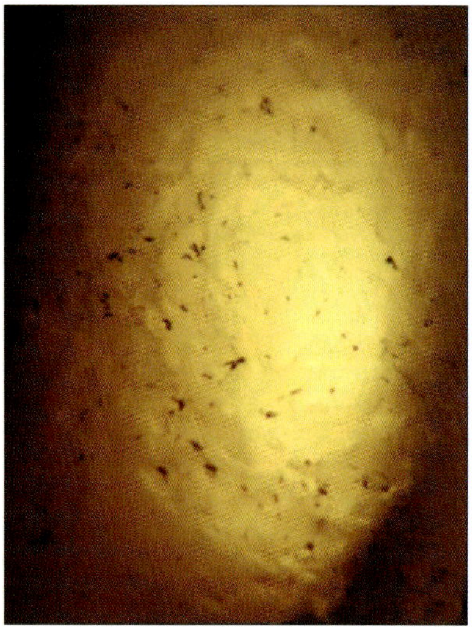

抛光不良翡翠表面的麻点

表面光洁温润的鼎祥翡翠挂件

反光的亮点。亮点往往是在较粗大颗粒的表面或内部重叠分布，而不似解理面的片状闪光。在放大镜下，可见许多小亮点为小的气泡，这是由于在充填处理时未能把缝隙里面的空气全部抽空而保留下来的气泡。

（5）结构特征

天然翡翠是粒状、纤维状矿物的镶嵌结构，而经过漂白充填的翡翠，粒状颗粒边界模糊、圆化。因为用于制作B货的翡翠原料，一般多为含杂质较多且结构松散的翡翠，受到强酸强碱浸泡腐蚀后，有部分物质带进带出，在表面及内部沿矿物晶体间形成溶蚀，出现颗粒边缘界限模糊，解理不连贯的现象。充胶后，充填聚合物扩大的裂隙和晶隙以及解理缝隙构成胶质基质，与翡翠原来的矿物胶结物有着不同的物理化学性质，反光极弱，通透性较差。

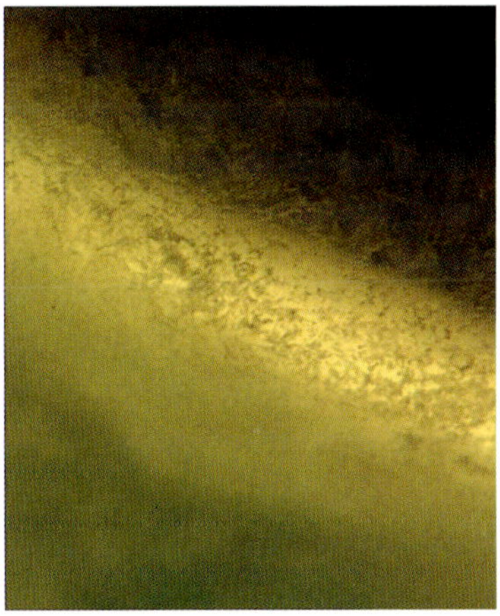

B货翡翠表面严重的酸蚀网纹现象

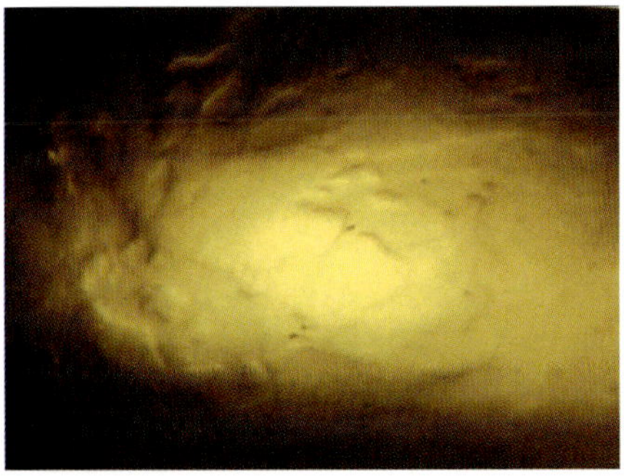

强光下，鼎祥A货翡翠表面的“橘皮效应”

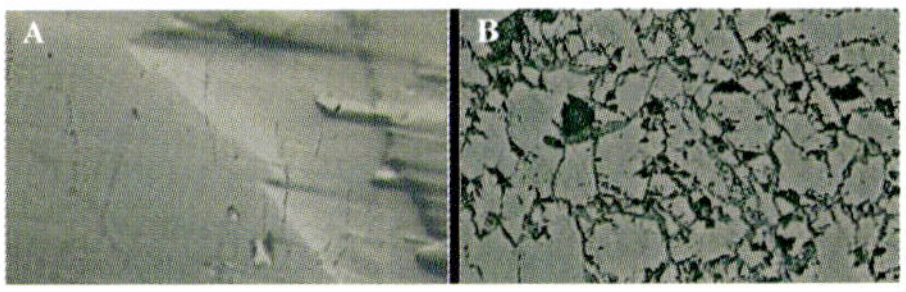

A货（左）、B货（右）翡翠结构对比

(6)敲击反应

经过漂白充填后的翡翠，其结构被破坏，矿物颗粒间被胶质充填。因此轻轻敲击后发出沉闷的声音，与天然翡翠清脆之声有明显的区别(此法主要适于翡翠手镯的鉴别)。

四、染色处理

1.目的

把原来无色或浅色的翡翠，通过人为方法染入颜料，以仿冒品质更好的翡翠。

2.方法

染色的翡翠也称C货。最早的翡翠染色的工艺很简单，先点一盏酒精灯，把要染色的翡翠制品放在火焰上烧烤到一定的温度，用毛笔沾上染料溶液在受热的部位，翡翠因骤热骤冷产生小裂纹，染料就沿裂纹浸入。反复地烤热和涂色，直到翡翠染上满意的颜色，所以又称为“炝色”。

现在染色主要工艺过程如下：首先是选料，一般要挑选中粗粒结构、有一定孔隙度的翡翠作为原料。成品后，用稀酸洗去油污和表面的杂

经过染色的翡翠貔貅挂件，色泽杂乱暗哑

未染色的鼎祥翡翠天然A货满翠色貔貅，翠色阳俏正

质，再放在烤箱式炉子中烘干和加热，加热可以达到扩张孔隙的作用。然后把翡翠浸泡到准备好的染料溶液中，加热烧煮以加快染料溶液浸入翡翠的速度，一般要浸泡一至数周。上了色的翡翠再经烘干，染料就沉淀在翡翠孔隙，使翡翠产生颜色，最后再燉蜡保护，使之不易再被水溶解，同时提高玉件的光泽。

3.效果

染色翡翠的耐久性较差，因为着色剂没有进入晶格，而是存在于颗粒之间的缝隙中。当染色翡翠受到光线的长期照射、酸碱溶液的浸蚀、受热，甚至空气的氧化作用时，原本鲜艳的颜色会褪色，甚至变为无色。

4.肉眼识别特征

早期的染绿色翡翠色调常常偏黄、均匀，且易褪成黄绿色，但近期染绿色翡翠与天然翡翠更为相似，颜色的色调变得多样，有偏蓝的绿、纯正的绿、偏灰的绿等。染绿色翡翠的颜色易浓集在小裂纹之中，并沿着裂纹充填在裂纹附近的晶粒间隙中，整个特征可用树根状来形容，绿色染料的分布犹如从大的树根中生出小的树根，再从小的树根生出毛细根一样。而天然绿色翡翠的裂纹和粒间孔隙都是没有颜色浓集的。另外，染绿色翡翠也常见表面网纹，其形状与B货翡翠的酸蚀网纹一样，没有什么区别。这种现象与选用孔隙度大的翡翠材料有关。

一般认为染紫色的翡翠比染绿色的翡翠难鉴定。天然的紫色翡翠

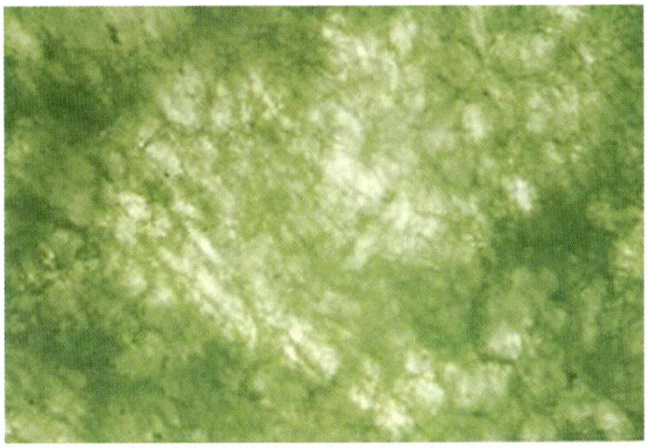

放大观察，C货翡翠的颜色呈树根状分布

深色的少见，紫色往往是成片分布，可以有斑点状或者小团块状的颜色深浅变化，但是不形成脉状。而由染色处理形成的紫色充填在翡翠的裂隙和孔隙之路，可形成紫色的细脉，或者充填在白色翡翠颗粒的粒间空隙中。

五、酸洗染色充胶处理

1.目的

使无色或浅色翡翠的颜色变成绿色、红色或紫色等种类更多的颜色。

2.方法

在翡翠经过酸洗碱洗后，洗净干燥，再对已经呈疏松状的翡翠上色，可以用浸泡到染料溶液中的方法，也可用毛笔涂色的办法，并且可以在

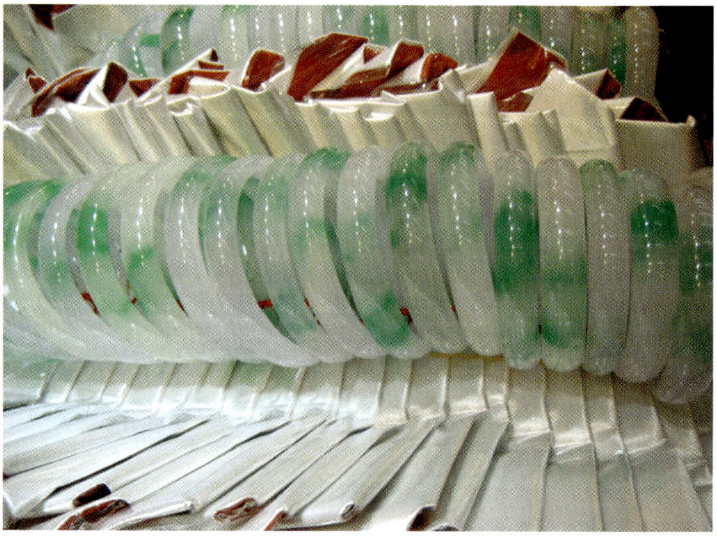

"漂亮"的酸洗染色充胶翡翠手镯

所需要的地方涂色。例如在手镯上涂成色带，或者涂上多种不同的颜色，也可以在浅绿的翡翠上加色使之更为明显。经过染色干燥后，毛胚再进行充胶处理。

3.效果

酸洗染色充胶处理常简称B＋C处理，比单纯的染色处理效果更好、效率更高。不仅可以提高处理翡翠的透明度和机械强度，还把颜色封闭在树脂胶中，使得颜料不易褪色。

4.肉眼识别特征

一般情况下，B＋C翡翠易于鉴别。绿色的B＋C翡翠，在10倍放大镜下用透射光观察，可见染料厚度很薄，在其垂直方向上绿色最为明显，并且呈细线状；用侧射的光线可看到染料分布在三维空间上呈丝瓜瓤状。另外，B＋C染绿色翡翠的绿色色带边界比较模糊，与天然绿色翡翠中清晰的绿色色根不同。

B＋C染灰绿色翡翠常仿油青种和漂兰花，其区别在于，B＋C染灰绿色翡翠底色很白，所漂兰花色带边缘极为模糊，具丝瓜瓤状结构；油青种的颜色是次生成因，带黄色调；而漂兰花种由绿辉石团块形成色斑，

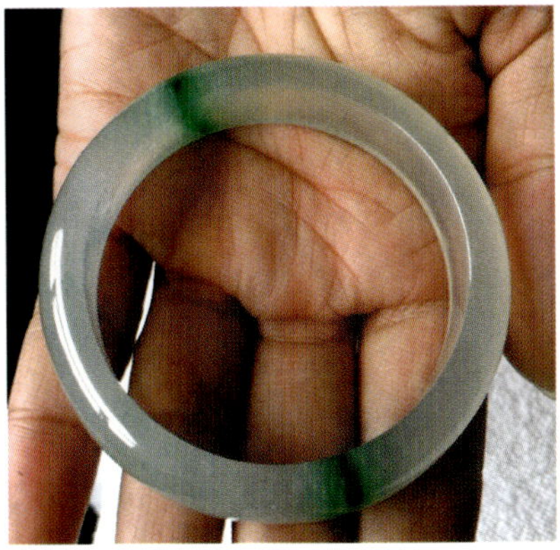

模特佩戴的天然翠色鼎祥翡翠手镯，色泽阳俏，和酸洗染色充胶手镯相比，高下立判

B+C仿漂兰花翡翠

边缘清晰。

B+C染红(黄)色翡翠2005年以来在市场上出现较多,与天然的红翡更为相似。鉴别时首先看颜色色调,天然的红翡都带有一定的灰褐色调,常有红色—褐红色—白色的颜色分带,而染色者颜色较鲜艳,最多只有褐红色—白色的分层;其次,天然成因的红翡是氧化铁充填在大小裂隙和颗粒间隙中,有丝瓜瓤状结构,而染色者的红色染料依附在组成矿物的表面,树根结构没有或不明显。另外,B+C染红(黄)色翡翠也具有酸蚀网纹。

B+C仿天然黄翡,杂色呈片、团状散开

真正的鼎祥翡翠A货飘兰花翡翠手镯,
花色边缘自然天成,清晰锐利

六、覆膜处理

覆膜翡翠薄膜脱落

1.目的

改变翡翠的颜色以提高价值。

2.方法

覆膜翡翠又称“穿衣”翡翠，是在天然无色或浅色但透明度和质地较好的翡翠戒面的表面上涂上一层绿膜，以模仿天然的高档翡翠。

3.效果

覆膜翡翠的耐久性较差，薄膜容易脱落。

4.肉眼识别特征

肉眼观察，覆膜翡翠的颜色均匀，没有天然翡翠呈斑状、条带状、细脉状的颜色分布特点；覆膜翡翠表面光泽弱，多为树脂光泽，而天然翡翠为玻璃光泽；覆膜翡翠的膜层是一种高分子聚合物，硬度低黏结不牢，可见薄膜脱落现象，多出现在边缘部位；用手摩擦时，可发觉覆膜翡翠不如天然翡翠光滑，有粘手的感觉；另外，由于膜层的硬度很低，易于被硬物划伤，在10倍放大镜下，可以看到表面有毛丝状的小划痕，天然翡翠的橘皮效应会变得不明显或看不见。

光滑、不粘手的鼎祥翡翠光洁表面

第三节　翡翠的相似品种及肉眼识别特征

在珠宝市场上，常常会碰到各种各样仿冒翡翠的玉石，它们在外观上与翡翠相似。千年翠钻鼎祥翡翠在多年运营中，不断遇到顾客咨询翡翠“真假”的问题，针对客户的需求，鼎祥一直不遗余力的向客户介绍翡翠及与其近似的宝石的区别及鉴别方法。这些方法实用且不难理解，这里首先介绍一下与翡翠相似的玉石品种及其宝石学特征参数，在此基础上，着重介绍一些适用于市场的肉眼识别方法。一般来说，通过仔细观察，通常都能找到鉴别特征，鉴别翡翠及与其相似品种并不是特别困难的事。

一、翡翠的相似品种

与翡翠相似的其他玉石主要有：软玉、蛇纹石玉、石英质玉石、水钙铝榴石、钠长石玉等，主要从颜色、结构等方面进行鉴别，表3－1简单列举了翡翠及与其相似品种的一些宝石学特征和参数。

表3-1　翡翠及与其相似品种的宝石学参数

名称	肉眼观察	放大观察	折射率（点测）	摩氏硬度	相对密度
翡翠	绿、红、紫、黄、白等，颜色不均匀，有色根；反射光观察表面可有“翠性”、“橘皮效应”	（粒状）纤维交织结构，可有白色芦花状的石花现象	1.66±	6.5~7	3.25~3.40，常为3.33
软玉	白、绿、黄、黑等，颜色均匀；质地细腻、无“翠性”；油脂光泽	毛毡状结构，可有黑色点状包体	1.60~1.61	6~6.5	2.95
独山玉	白、绿、黄、褐、紫等，色杂不均	粒状结构	1.56~1.70	6~7	2.70~3.09
水钙铝榴石	白、浅绿到暗绿、粉红，颜色不均一；透明度差	粒状结构，有较多黑色斑点和斑块	1.72±	7	3.47±
钠长石玉	无色、白、灰绿，颜色不均匀	粒状结构	1.52~1.53	6	2.60~2.63

续表3-1

名称	肉眼观察	放大观察	折射率（点测）	摩氏硬度	相对密度
蛇纹石玉	黄绿、绿、棕色，颜色均匀	纤维交织结构，可有絮状物、黑色包体	1.56±	2.5～6	2.57±
石英岩	白、绿等，颜色不均匀；可有贝壳状断口	粒状结构	1.54±	7	2
绿玉髓	苹果绿、蓝绿，颜色均一；质地细腻，可有贝壳状断口；半透明至不透明	隐晶质结构	1.53±	6.5～7	2.60±
符山石	黄绿、蓝绿、灰白，颜色均匀	具放射状纤维结构	1.71 ±	6～7	3.4±
葡萄石	浅绿、浅黄、白色，颜色均一	具放射状纤维结构	1.63±	6～6.5	2 .80～2.95
玻璃	绿色至黄绿色，颜色均匀；可有贝壳状断口	有气泡，漩涡状结构	1.54	5～5.5	2.65

二、与翡翠相似品种的肉眼识别特征

1.软玉

软玉在缅甸和云南地区又称为“昆究”。软玉有白玉、青玉、青白玉、墨玉和碧玉等品种，其中的碧玉与翡翠相似，易与翡翠相混，但是与翡翠相比，软玉颜色通常呈黄绿至暗黄绿色，分布均匀。抛光的软玉常出现油脂光泽，而翡翠为玻璃光泽。软玉的透明度比翡翠差，绝大多数为半透明至不透明，以不透明为多，极少数为透明。软玉具典型的毛毡状结构，颗粒更为细小，外观更为细腻，无“翠性”和“橘皮效应”。此外，市场上常见的碧玉有来自我国新疆的碧玉、俄罗斯的碧玉和加拿大的碧玉，除加拿大产出的不含黑色包裹体外，其他产地的碧玉多含肉眼可见的黑色包裹体。

2.独山玉

独山玉又称为“南阳玉”，因产于我国河南南阳市郊的独山而得名，

碧玉通常呈黄绿色，颜色均匀，肉眼可见黑色包裹体

呈翠色的鼎祥翡翠挂件，阳俏正的翠色为国人所喜爱

独山玉颜色丰富，绿色常呈小脉状分布，颜色偏蓝、偏灰，油脂光泽

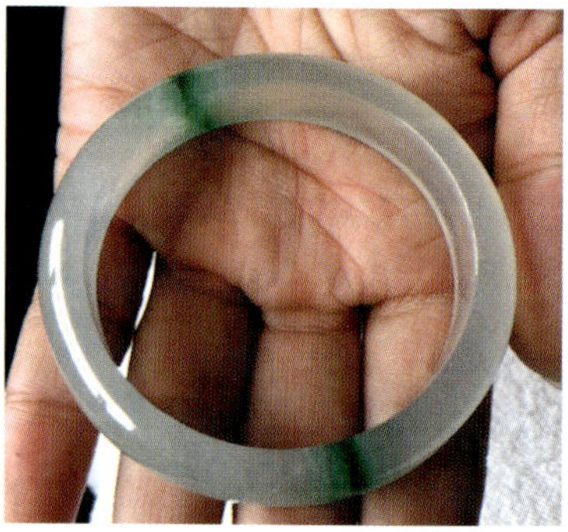

亮丽明艳的鼎祥翡翠手镯，惹人喜爱

是一种黝帘石化的斜长岩，纤维粒状（粒度<0.05mm）结构，集合体为致密块状。独山玉的颜色丰富多彩，有30余种色调，主色有白、绿、紫、黄（青）红几种颜色，是玉器上做俏色雕的理想材料。与翡翠容易混淆的品种是翠绿、黄绿、墨绿色的独山玉，多为半透明至不透明。透明度较好的绿色独山玉颜色分布比较均匀但常常夹有黑点，抛光后表面具油脂光泽。由于它的成分变化大，以致硬度不均匀，因此，独山玉成品表面往往不平整，抛光质量不好。此外，独山玉的颜色分布非常不均，常沿小裂隙形成浓绿色短线

状、小脉状的色带，颜色偏蓝、偏灰，通常不均匀、不够鲜艳而显沉闷。

3.水钙铝榴石

水钙铝榴石集合体有人称之为“南非玉”、“特兰斯瓦尔玉”、“青海翠”，产于缅甸北部葡萄地区者称“不倒翁”，因地名而得名。主要矿物为水钙铝榴石，次为黝帘石、符山石及闪石类等，粒状结构。绿色钙铝榴石的晶体通常较大，白色基质颗粒较小，肉眼分不出界限，但颗粒粗大的绿色钙铝榴石斑晶形成的绿色点状色斑与翡翠的绿色分布特征明显不同，非常容易识别。水钙铝榴石多为不透明，少数半透明，颜色从浅绿到绿色，内部大多含有白色点状、团块状包体。此外，水钙铝榴石集合体常见暗绿色或黑色斑点。

水钙铝榴石绿色常呈点状色斑

葡萄地区还产一种在滤色镜下也显紫红的玉石，此种玉透明度较好，呈蓝色或蓝绿偏蓝色，主要矿物为石英、蛋白石和玉髓，实际上应称石英蛋白玉。硬度 5.5，相对密度 2.13，折射率1.45，应与水钙铝榴石严格区别。

4.钠长石玉

钠长石玉又称为“水沫子”，在缅甸是与翡翠伴生的一种玉石。主要矿物成分为钠长石及少量的辉石类矿物和角闪石矿物，它的致色物是按一定方向排列的阳起石、绿帘石。钠长石玉的颜色常为无色、白色、灰白色，“白棉”多，有蓝绿色“飘花”者称为“水底飘蓝花”，其中“蓝花”为角闪石矿物所致。水沫子最大的特点是透明度好，与透明或半透明的“玻璃种”、“冰种”翡翠极为相似。但钠长石玉为粒状结构，用10倍放大镜观察不显翠性，含有较多的石脑或白棉，水头很好，光泽较弱。在蓝绿色水沫子中，绿色不鲜艳，不均匀，常呈丝状、青苔状的蓝绿或墨绿色，颜色不规则，没有翡翠颜色特有的“色

水沫子与玻璃种、冰种翡翠极为相似，但含有较多白棉

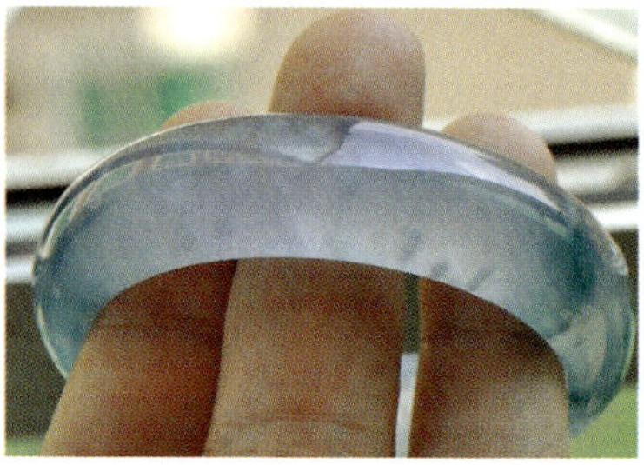

真正的鼎祥翡翠冰种手镯，密度较高，也较重，有宝石的质感与触感

根”。此外，钠长石玉的密度较小，与个头相当的翡翠相比较，水沫子的重量明显要轻得多。钠长石玉敲击起来声音沉闷，不如翡翠清脆。

5.蛇纹石玉

蛇纹石玉是一种较为常见的玉石，我国的主要产地在辽宁岫岩县，这里产的蛇纹石玉又称为岫玉。蛇纹石玉的颜色有深绿色、黑绿色、绿色、黄绿色、灰黄色及多种颜色聚集的杂色等，其中的黄绿色、绿色、墨绿色蛇纹石玉与翡翠相似。与翡翠相比，蛇纹石玉色较浅淡、均匀，半透明至不透明。蛇纹石玉光泽不如翡翠，呈蜡状至玻璃光泽，抛光的表面一般无橘皮效应。蛇纹石玉与翡翠同为纤维交织结构，但前者的结构更为细腻，无星点状闪光，以此可以与翡翠相区别。蛇纹石玉的相对密度比翡翠小，手感较轻；硬度也比翡翠小，一般可被小刀刻动。10倍放大镜下观察，可能会见到蛇纹石玉黄绿色基底中存在着少量黑色矿物包裹体、灰白色透明的矿物晶体、灰绿色绿泥石鳞片聚集成的丝状、细带状包裹体以及由颜色的不均匀而引起的白色、褐色条带或团块。

蛇纹石颜色较浅淡、均匀，光泽不如翡翠

6.石英岩

常见的石英岩为无色，当含不同的杂质元素或混入不同的有色矿物时，可呈现不同的颜色，如浅绿色等。抛光平面玻璃光泽，贝壳状断口一般呈油脂光泽，微透明至半透明。石英岩的特点是粒状结构，无“翠性”。此外，石英岩的密度、折射率均低于翡翠。含有铬云母的东陵石在石英颗粒之间有绿色铬云母呈片状闪光，并且在滤色镜下变红，以此区别于翡翠。

染色处理的石英岩自1988年在泰国、缅甸以及我国云南边境一带开始流行，俗称“马来玉”、“吕宋玉”。在自然光下用透射光进行观察，其颜色分布呈丝网状，这是染料聚集于石英岩颗粒边缘的结果。有些石英岩透明度较差，用侧光源同样可以看到这种结构，从外观上看，染色石英岩颜色均匀，色调偏蓝或偏黄。

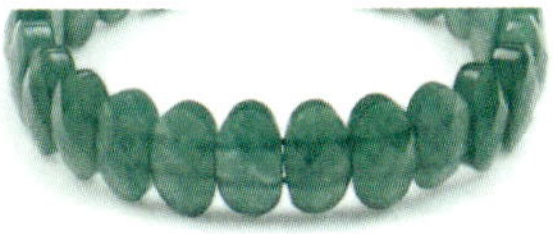

东陵石内含丝片状的铬云母

翠色欲滴的A货翡翠珠串

染色石英岩，透射光下观察可见颜色呈丝网状分布

7.玉髓

绿色玉髓又称为“澳玉”，是一种隐晶质的石英微晶集合体。与翡翠相比，玉髓的颜色均匀，常为典型的苹果绿色。抛光平面为玻璃光泽，贝壳状断口一般呈油脂光泽，微透明至半透明。玉髓为隐晶质集合体，肉眼看不到结晶颗粒，与高档翡翠比较相像，但颜色没有翡翠那么鲜艳，无翠性和橘皮效应，隐现冰凌纹。此外，绿玉髓的相对密度比翡翠小，相同大小的成品会明显比翡翠轻。

玉髓颜色均匀，无翠性和橘皮效应

8.祖母绿

纯净无瑕的祖母绿是高档名贵的宝石，一般加工成刻面型宝石款式，颜色等外观特征与翡翠也不存在相似之处，与翡翠容易相混的是那些含有大量内含物的半透明祖母绿。祖母绿的颜色可呈漂亮的翠绿色或绿色，以碧绿为主色调，翡翠以翠绿为主色调。多数情况下，祖母绿的颜色分布较均匀，有可能出现色带但没有色根，而翡翠常见颜色浓淡不一、有丝状颜色的现象。祖母绿是单晶质材料，看不到结晶颗粒和翡翠所具有的翠性。祖母绿的相对密度比翡翠小，同等大小的成品比翡翠轻。半透明的祖母绿也同翡翠一样切磨成弧面形，内部常可见黑色杂质

有明显翠性的鼎祥翡翠

磨在弧面的半透明祖母绿，内部可见黑褐色杂质和裂纹

和裂纹。此外，祖母绿韧性很差，碰撞容易破碎，在表面形成贝壳状断口，而翡翠的韧性好，不易破碎，即使有断口也是呈粒状的。

9.玻璃

玻璃是市场上最常见的翡翠仿制品，主要有："料器"、脱玻化玻璃。

（1）"料器"

玉器行业把早期仿翡翠的玻璃称为"料器"。特点是绿色半透明，具大小不等的圆形气泡，肉眼可辨别或借助于10倍放大镜。早期的玻璃可能颜色不均，常见旋涡状搅动纹，具有贝壳状断口。在许多祖辈留下的遗物中，绿色仿玉的戒面、帽扣、簪针等大多属于此类。

（2）脱玻化玻璃

大约出现在20世纪70~80年代，国外称这种仿玉的玻璃为"依莫利宝石"（Imoristone）或"准玉"（Metajade）。经脱玻化作用，使非晶质的玻璃部分"重结晶"，肉眼可见放射状、镶嵌状图案。另外玻璃的相对密度比翡翠小，在手中掂一下重量会有较轻的感觉，具有贝壳状断口。

仿翡翠玻璃，绿色半透明，可见圆形气泡

脱玻化玻璃，肉眼可见放射状、镶嵌状图案

鼎祥® DINGXIANG

翡翠

Disizhang

Feicui Fenji Ji Pingjia

第四章
翡翠分级及评价

第一节 《翡翠分级》国家标准简介

行内有一句俗语称“黄金有价玉无价”，一方面，是因为不同的人对玉的文化内涵理解不同因此能接受的价格也不同；另一方面，翡翠是一种岩石，其多样性给分级评价带来了困难，同一件翡翠货品让不同的人评定可能会有不同的价格。但近来年翡翠商贸持续升温，行业内急需一套具有公信力的翡翠分级评价体系来规范市场。于是，国土资源部珠宝玉石首饰管理中心组织制定《翡翠分级》的国家标准，并于2008年12月10日通过全国珠宝玉石标准化委员会全体委员的审查，2009年6月1日由国家质量监督检验检疫总局、中国国家标准化管理委员会正式批准发布。直至2010年3月1日开始实施，这套《翡翠分级》(GB/T 23885－2009)国家标准真可谓是千呼万唤始出来。

在这套国家标准中，征询了大量翡翠品牌尤其是港台等地的翡翠商业巨擘们的意见，周大福、周生生、千年翠钻鼎祥翡翠等品牌的诸多翡翠从业者们，对该标准提供了详尽而丰富的实践意见。

一、翡翠定义与分类

《翡翠分级》(GB/T 23885－2009)界定了翡翠的定义、翡翠的分类，规定了天然未镶嵌及镶嵌磨制抛光翡翠的分级规则。

在对市场中存在的大量翡翠样品的成分分析、物理性质测试的基

在北京召开的《翡翠分级》(GB/T 23885-2009)国家标准宣讲会

翡翠饰品，三种翡翠色彩淋漓尽致的展现

础上，本着科学性、可操作性的原则，《翡翠分级》（GB/T 23885－2009）将翡翠定义为：翡翠是主要由硬玉或由硬玉及其他钠质、钠钙质辉石（钠铬辉石，绿辉石）组成的、具工艺价值的矿物集合体，可含少量角闪石、长石、铬铁矿等矿物。摩氏硬度6.5~7，密度3.34（+0.06~0.09）g/cm^3，折射率1.666~1.680（±0.008），点测1.65~1.67。

翡翠的颜色非常丰富，为了对翡翠进行分级，《翡翠分级》（GB/T 23885－2009）先根据翡翠的颜色将翡翠分为翡翠（无色），翡翠（绿色），翡翠（紫色），翡翠（红－黄色）几个类别。翡翠（无色）是指无色或颜色彩度极低的翡翠；翡翠（绿色）是指主体颜色色调为绿色，且具有一定彩度的翡翠；翡翠（紫色）是指主体颜色色调为紫色，且具有一定彩度的翡翠；翡翠（红－黄色）指主体颜色色调为红－黄色，且具有一定彩度的翡翠。

二、分级规则与要求

翡翠的分级：考虑了翡翠的品质因素及价值因素，《翡翠分级》（GB/T 23885－2009）规定从颜色、透明度、质地、净度四个方面对翡翠的品质进行级别划分，并对其工艺价值进行评价的基本原则。

环境要求：翡翠分级应在无阳光直接照射的室内进行，分级环境的色调应为白色或中性灰色。分级时采用规定的分级光源照明，色温为4 500K~5 500K，显色指数不低于90，并以无荧光、无明显定向反射作用的中性白（浅灰）色纸（板）作为观测背景。

人员要求：从事翡翠分级的技术人员应受过专门的技能培训，掌握正确的操作方法。由2~3名技术人员独立完成同一样品的分级，并取得一致结果。目前，国家正在培训首批从事翡翠分级的技术人员。

三、翡翠（绿色）的品质分级

绿色翡翠的品质分级，从颜色、透明度、质地、净度四个方面进行。

绿色翡翠的颜色分级：按照颜色色调、彩度、明度的差异进行级别划分。根据绿色中所含黄、蓝色调的浓度，可将绿色翡翠的颜色色调分为绿、绿（微黄）、绿（微蓝）三个类别。根据绿色翡翠的彩度差异，可将其划分为五个级别。彩度级别由高到低依次为极浓、浓、较浓、较淡、淡。根据绿色翡翠的明度差异，将其划分为四个级别。明度级别由高到低依次为明亮、较明亮、较暗、暗。

绿色翡翠的透明度分级：根据绿色翡翠对可见光的透过能力，即透明度差异，将其划分为四个级别。透明度级别由高到低依次表示为透明（单位透过率$t \geq 75$）、亚透明（$65 \leq t < 75$）、半透明（$55 \leq t < 65$）、微透明~

翠色均匀分布的奥运冠军奖品——鼎祥翡翠，蓝绿色的飘纹种水俱佳

不透明（t<55）。

绿色翡翠的质地分级：根据绿色翡翠质地的粗细程度、肉眼可见程度，将其划分为五个级别。质地级别由高到低依次表示为极细、细、较细、较粗、粗。

绿色翡翠的净度分级：根据翡翠内、外部特征对其美观和耐久程度的影响，将其划分为五个级别。净度级别由高到低依次表示为极纯净、纯净、较纯净、尚纯净、不纯净。

四、翡翠（无色）的品质分级

无色翡翠没有颜色，或仅仅有极微弱的蓝色、绿色的色调，其品质主要取决于其透明度、质地、净度特点，分级亦从上述三方面进行。

无色翡翠透明度分级：根据无色翡翠透明度的差异，划分为五个级别。透明度级别由高到低依次表示为透明（t≥85）、亚透明（80≤t≥85）、微透明（75≤t<80）、半透明（65≤t<75）、不透明（t<65）。

无色翡翠的质地、净度分级原则与绿色翡翠质地、净度的分级原则相同。

翡翠（紫色）、翡翠（红－黄色）的品质分级参照翡翠（绿色）品质分级的原则执行。

五、翡翠不均匀性评价

在翡翠中其颜色、透明度、质地的分布常常是不均匀的，当其中一个或多个因素不均匀，且不均匀程度不可忽视时，《翡翠分级》（GB/T 23885－2009）中规定了应对不均匀因素存在显著差异的部分分别进行评价。

六、翡翠工艺评价

翡翠饰品的价值不仅仅取决于翡翠的品质还取决于翡翠的加工工

艺，好的加工工艺可以极大地提升翡翠饰品的价值，因此翡翠饰品的评价还应包括加工工艺的评价。《翡翠分级》(GB/T 23885－2009)中规定了翡翠工艺评价包括材料应用设计评价和加工工艺评价两个方面。其中，材料应用设计评价包括材料应用评价和设计评价；加工工艺评价包括磨制(雕琢)工艺评价和抛光工艺评价。

成为奥运冠军指定庆功奖品的鼎祥翡翠金镶挂件，雕工精湛，刀法老到娴熟，每一个细节都浸透着雕刻大师的巧思

第二节　翡翠颜色分级

翡翠常见的颜色为无色、绿色、红－黄色、紫色等。《翡翠分级》(GB/T 23885－2009)规定，无色或颜色彩度极低的翡翠称翡翠(无色)，主体色调为绿色、紫色、红－黄色，且具有一定彩度的翡翠称翡翠(绿色)、翡翠(紫色)、翡翠(红－黄色)。

无色翡翠不需要进行颜色分级，而带色翡翠的颜色分级主要从颜色色调(hue)、彩度(chroma)和明度(value)这三个方面的差异进行级别划分。商贸中最关心的是绿色翡翠，因为绿色对翡翠的价值影响最大，俗话说："家有万斤翡翠，贵在凝绿一方"。优质翡翠的绿色要达到"正、浓、阳、匀"的要求，所谓"正"，指的是颜色的色调正，如掺杂其他色调则称"偏色"或"邪色"，如黄色、蓝色等；所谓"浓"，指的是翡翠颜色的饱和度，即颜色的深浅浓淡；所谓"阳"是指翡翠颜色要鲜艳明亮，受颜色色调和浓度的控制；"匀"指的是翡翠颜色的均匀程度。本节以翡翠(绿色)

翡翠俏雕摆件"一鸣惊天下"，有各种不同色调的绿色、无色、紫色、黄色等

奥运冠军奖品鼎祥翡翠，精雕瑞兽与宝珠，宝珠部分采用明显的俏色雕刻技法，明亮圆润

为例说明翡翠的颜色分级。

一、颜色分级要素之色调

“色调”表示翡翠红、黄、绿、蓝、紫等颜色的特性。

1.行业中与翡翠(绿色)色调有关的术语

翡翠的绿色色调种类繁多，几乎每一块翡翠的颜色都有区别，传统上用各种术语来描述翡翠的颜色：

· 翠绿：绿色纯正，色泽鲜艳，分布均匀，质地细腻，是翡翠中的佳品，价格较昂贵，可与祖母绿媲美；

· 艳绿：绿色纯正，色浓而艳，色偏深时为老艳绿；

· 黄阳绿：鲜艳的绿色中略带黄色色调，也称鹦哥绿、葱心绿等；

· 阳俏绿：绿色鲜艳而明快，如一汪绿水，色正但较浅；

翡翠色调：黄阳绿

翡翠色调：翠绿

翡翠色调：阳俏绿

鼎祥翡翠出品的一套阳俏绿饰品，色泽俏丽喜人

翡翠色调：豆青绿

鼎祥翡翠豆青绿方牌，
造型贵气，落落大方

翡翠色调：蓝水绿

翡翠色调：油青绿

翡翠色调：墨绿

模特手中展示的鼎祥
翡翠翡翠观音挂件，其
翠如墨，深邃光洁

· 金丝绿：绿色如丝线状，浓且艳丽；

· 豆青绿：色如豆青色，颜色中带有微蓝的色调，颜色明快，是一种不错的颜色，过去有“十绿九豆”的说法；

· 瓜青绿：如瓜皮的青绿色，常称为偏蓝的绿色，颜色不够明快，是目前市场上最多见的翡翠颜色；

· 水绿：色较豆青绿浅，绿色均匀；

· 蓝水绿：带有蓝灰色调的浅绿色；

· 菠菜绿：颜色如菠菜的绿色，绿色暗而不鲜艳；

· 油青：色不鲜艳，发暗。凡黑灰浅或色不正的油青价值都不高；

· 墨绿：颜色深到近乎黑色，但还带有绿色的色调。

2.翡翠（绿色）色调类别

翡翠的绿色受蓝色、黄色等色调的影响，《翡翠分级》（GB/T 23885－2009）根据翡翠（绿色）色调的差异，将其划分为绿、绿（微黄）、绿（微蓝）三个类别，依次表示为G、yG、bG，见表4－1。

表4－1 翡翠（绿色）色调类别及表示方法

色调类别		肉眼观测特征	光谱色主波长参考值λ(nm)
绿	G	样品主体颜色为纯正的绿色，或绿色中带有极轻微的、稍可觉察的黄、蓝色调	500≤λ<530
绿（微黄）	yG	样品主体颜色为绿色，带有较易觉察的黄色色调	530≤λ<550
绿（微蓝）	bG	样品主体颜色为绿色，带有较易觉察的蓝色色调	490≤λ<500

3.翡翠（绿色）色调类别划分规则

分级时不必测量待分级翡翠的实际光谱色主波长，只需要将其与翡翠（绿色）分级标样进行比对，即可得出色调类别。其中，翡翠（绿色）分

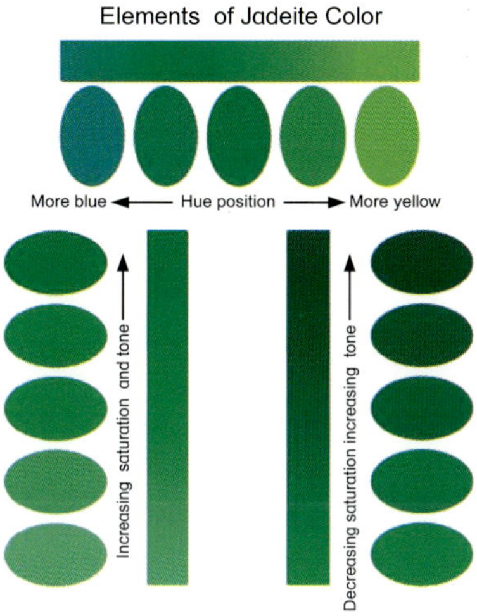

翡翠绿色色调卡，可见各种绿色的区别

级标样的光谱色主波长已由光谱光度计测出，是一套已标定色调类别、彩度级别及透明度级别的椭圆弧面型翡翠（绿色）样品，依次代表由高到低的不同彩度级别及透明度级别。

1）若待分级翡翠的色调偏黄或偏蓝程度低于标样，则用“绿”表示待分级翡翠的色调类别。

2）若待分级翡翠的色调偏黄或偏蓝程度等于或高于标样，则用“绿（微黄）”“绿（微蓝）”表示待分级翡翠的色调类别。

二、颜色分级要素之彩度

“彩度”表示翡翠颜色的浓淡程度。

颜色的深浅也是翡翠颜色质量的重要因素，而且有时颜色的深浅还会导致色调的改变，如特别浓的翠绿色可能会变成墨绿色。一般来说，颜色太淡翡翠的价值就不高，例如颜色很淡的翠绿色实际上与淡色的豆青绿没有什么区别。

1. 翡翠（绿色）彩度级别

《翡翠分级》（GB/T 23885－2009）根据翡翠（绿色）彩度的差异，将其划分为五个级别。彩度级别由高到低表示为极浓（Ch_1）、浓（Ch_2）、较浓(Ch_3)、较淡(Ch_4)、淡(Ch_5),见表4－2。

表4-2　翡翠(绿色)彩度级别及表示方法

彩度级别		肉眼观测特征	色纯度参考值P_e(%)	GemDialogue色卡彩度参考值C(%)
极浓	Ch_1	反射光下呈深绿色—墨绿色,颜色浓郁,透射光下呈浓绿色	$P_e \geq 65$	$C \geq 85$
浓	Ch_2	反射光下呈浓绿色,颜色浓艳饱满,透射光下呈鲜艳绿色	$45 \leq P_e < 65$	$65 \leq C < 85$
较浓	Ch_3	反射光下呈中等浓度绿色,颜色浓淡适中,透射光下呈较明快绿色	$30 \leq P_e < 45$	$45 \leq C < 65$
较淡	Ch_4	反射光及透射光下呈淡绿色,颜色清淡	$20 \leq P_e < 30$	$25 \leq C < 45$
淡	Ch_5	颜色很清淡,肉眼感觉近无色	$10 \leq P_e < 20$	$5 \leq C < 25$

2.翡翠(绿色)彩度级别划分规则

分级时不必测量待分级翡翠的实际色纯度值，只需要将其与翡翠(绿色)分级标样进行比对,即可得出彩度级别。其中,翡翠(绿色)分级标样的色纯度值已由光谱光度计测出,是一套已标定色调类别、彩度级别及透明度级别的椭圆弧面型翡翠(绿色)样品,依次代表由高到低的不同彩度级别及透明度级别。

1)若待分级翡翠的彩度与某一标样相同,则该标样的彩度级别为待分级翡翠的彩度级别。

2)若待分级翡翠的彩度介于相邻两件连续标样之间,则以其中较低彩度级别表示待分级翡翠的彩度级别。

3)若待分级翡翠的彩度高于标样的最高级别,仍用最高级别表示待分级翡翠的彩度级别。

4)若待分级翡翠的彩度低于标样的最低级别,则定为无色。

这一组图片显示了翡翠(绿色)彩度级别依次降低的情况。

此款观音吊坠属于极浓级别，此类翡翠多采于翡翠老坑

鼎祥翡翠采用国家专利“金镶玉”工艺，此款金镶福瓜属于浓的级别

鼎祥翡翠出品的翡翠马鞍戒指，在翡翠色彩级别中属于浓的级别，翠色浓艳喜人

较浓级别的翡翠，在反射光下呈中等浓度绿色，颜色浓淡适中，投射光下呈较明快绿色

较淡级别的翡翠，在反射光下呈淡绿色，颜色清淡

此款翡翠属于淡的级别，颜色很清淡，肉眼感觉近无色

三、颜色分级要素之明度

"明度"表示翡翠颜色的明暗程度，可以看作是翡翠颜色受褐色、灰黑色调的影响所致。

1.翡翠(绿色)明度级别

根据翡翠(绿色)明度的差异，将其划分为四个级别。明度级别由高到低依次表示为明亮(V_1)、较明亮(V_2)、较暗(V_3)、暗(V_4)，见表4－3。

表4-3　翡翠(绿色)明度级别及表示方法

明度级别		肉眼观测特征	GemDialogue色卡灰度标尺参考值G(%)
明亮	V_1	样品颜色鲜艳明亮，基本察觉不到灰度	$G<10$
较明亮	V_2	样品颜色较鲜艳明亮，能察觉到轻微的灰度	$10\leqslant G<30$
较暗	V_3	样品颜色较暗，能察觉到一定的灰度	$30\leqslant G<50$
暗	V_4	样品颜色暗淡，能察觉到明显的灰度	$G\geqslant 50$

2.翡翠(绿色)明度级别划分规则

待分级翡翠进行明度级别划分前，应先确定其色调类别及彩度级别。

使用确定待分级翡翠彩度级别的标样，叠加灰度标尺得出待分级翡翠颜色灰度数值。其中，灰度标尺是由黑到白，等差明度的一系列无彩色卡。根据所得灰度数值范围，确定待分级翡翠的颜色明度级别。

这一组图片显示了翡翠明度级别由高到低的情况。

明亮级别的翡翠，用于花件饰品中非常抢眼

翡翠祥云如意属于明亮级别

鼎祥翡翠葫芦挂件，悠悠蓝绿水色，透明水润，属于“明亮”级别的翡翠

较明亮的翡翠能察觉轻微的灰度

“祥云如意”吊坠属于较明亮级别的

明亮度是翡翠优劣的重要标准之一

能觉察出明显的灰度，属于较暗级别

虽然此款水头足，但仍不属于明亮级别

四、翡翠颜色不均匀性评价

若待分级翡翠的颜色不均匀，且不均匀程度不可忽视时，应对其颜色特征（包括颜色形状、比率、分布特征与基底的对应关系等）进行描述和评价。

1.行业中与翡翠（绿色）不均匀性有关的术语

· 点子绿：绿色呈较小的点状，点与点之间没有联系，似满天群星；

· 疙瘩绿：绿色呈较大的块状，块与块之间不相联接；

· 丝片绿：由绿色小丝片联接而组成的绿色；

· 靠皮绿：也称膏药绿，仅分布于翡翠的外皮，常给人以色多或满绿的假象；

· 底障绿：没有明显的绿丝、绿块，为一种均匀清淡的绿色

2.《翡翠分级》（GB/T 23885－2009）中对翡翠（绿色）不均匀性的描述用语，详见表4－4。

表4-4　翡翠（绿色）颜色形状及分布特征

编号	颜色形状	分布特征
1	点状	颜色呈点状散布
2	丝线状	颜色呈丝状或线状展布
3	絮状	颜色呈絮状分布
4	脉状	颜色呈脉状延伸
5	网状	颜色呈网状交错
6	块状	颜色呈斑状、团块状聚集

这是比较标准的"底障绿"

鼎祥翡翠出品的高绿手镯，属于"丝片绿"，可见清晰的丝网状翠色脉络

颜色呈丝线状展布的鼎祥翡翠佛公，这一缕翠色被雕刻师巧雕在卧佛之下，刀法也很细腻

颜色呈脉状延伸的鼎祥翡翠金镶挂件，可见清晰翠色脉络，连绵不绝

颜色呈网状交错的镂空雕翡翠挂件

颜色呈团块状聚集的鼎祥翡翠金镶挂件，同样是奥运冠军的指定奖品，翠色分布在雕饰的如意部分，自然天成

颜色呈点状散布的翡翠金镶佛公

颜色呈絮状分布的翡翠手镯

双色翡翠葫芦，谐音“福禄”

五、其他颜色翡翠的分级

以上介绍了单一绿色的翡翠颜色分级的要点，除了绿色外，翡翠还有黄－红色、紫色等，翡翠（紫色）、翡翠（红－黄色）的颜色分级参照翡翠（绿色）颜色分级的原则执行。

行业中与翡翠其他颜色色调有关的术语如下：

· 紫罗兰：各种深浅的粉紫、茄紫和蓝紫色；

· 粉紫：红色调比较明显的浅紫色；

· 茄紫：如同茄子颜色的浅紫色；

· 蓝紫：带有蓝色调的紫色，有时紫色调很弱，几乎看不出来；

· 红翡：呈褐黄－褐红色翡翠的通称，也可以只指褐红色的翡翠；

· 黄翡：呈灰黄－褐黄色的翡翠；

· 福禄寿：褐红色（褐黄）、绿色、紫色三种颜色同时出现在同一块翡翠上；

· 春带彩：紫色、绿色相间出现的翡翠。

在20世纪90年代以前，红－黄色、紫色调的翡翠几乎与无色翡翠的价格无异，但是随着近年来翡翠资源不断减少，这两种色调的翡翠价格也不断上扬。在以香港千年翠钻鼎祥翡翠为代表的港台地区翡翠商业品牌中，近年来也出现了一些具有颜色组合的翡翠，如福禄寿、春带彩等，由于其面市数量稀少，价值也比较高。

春带彩挂件“花开富贵”，呈茄紫色

紫色鼎祥翡翠福瓜挂件，呈罕见的蓝紫色，紫中带蓝，色泽温暖，观之养眼

春带彩摆件“十八罗汉”，呈粉紫色

第三节　翡翠透明度分级

透明度指的是翡翠对可见光的透过程度。翡翠的透明度变化很大，从接近于玻璃般的透明程度到不透明，透明度的不同对翡翠的外观有直接的影响。透明度较好的翡翠，具有温润柔和的美感，透明度差的翡翠，则显得呆板缺少生气。

传统上称翡翠的透明度为水头，用水长、水短来描述翡翠的透明程度。在位于香港九龙查士汀道的鼎祥翡翠销售展示厅中，翡翠珠宝顾问经常用“几分水”来表述鼎祥翡翠商品的透明程度。而在国家标准《翡翠分级》(GB/T 23885－2009)里，则用单位透过率对翡翠的透明度进行定量描述，指的是1mm单位厚度的翡翠对可见光的透过率。透过率是指光线透射翡翠时，透射光通量与入射光通量之比。《翡翠分级》(GB/T 23885－2009)规定采用比对法，在规定的环境下对翡翠的透明度进行级别划分。

一、翡翠(无色)透明度分级

1.翡翠(无色)透明度级别

《翡翠分级》(GB/T 23885－2009)根据翡翠(无色)透明度的差异，

玻璃地佛公

冰地佛公

鼎祥翡翠出品的冰地佛公，佛像雕饰细腻入微

将其划分为五个级别。透明度级别由高到低依次表示为透明(T_1)、亚透明(T_2)、半透明(T_3)、微透明(T_4)、不透明(T_5)。透明度级别及表示方法见表4－5。

表4-5　翡翠(无色)透明度级别及表示方法

透明度级别		肉眼观测特征	单位透过率参考值t/%	商贸俗称(参考)
透明	T_1	反射观察：内部汇聚光强，汇聚光斑明亮 透射观察：绝大多数光线可透过样品，样品内部特征清楚可见	t≥85	玻璃地
亚透明	T_2	反射观察：内部汇聚光较强，汇聚光斑较明亮 透射观察：大多数光线可透过样品，样品内部特征可见	80≤t<85	冰地
半透明	T_3	反射观察：内部汇聚光弱，汇聚光斑暗淡 透射观察：部分光线可透过样品，样品内部特征尚可见	75≤t<80	糯化地
微透明	T_4	反射观察：内部无汇聚光，仅可见微量光线透入 透射观察：少量光线可透过样品，样品内部特征模糊不可辨	65≤t<75	冬瓜地
不透明	T_5	反射观察：内部无汇聚光，难见光线透入 透射观察：微量或无光线可透过样品，样品内部特征不可见	t<65	瓷地/干白地

糯地翡翠雕件

在港台及东南亚地区，不仅冰洁光润的玻璃地、冰地翡翠手镯被视若珍宝，那些质地细腻、打磨光洁、圈口宽阔的糯地翡翠手镯也常常受到当地女性的欢迎，与通透度极好的手镯相比，糯地手镯温润如糯的质地，结合丝丝缕缕或片片点点的翠色，配合小麦色或亚麻色亚洲女性的肌肤，更有一番情趣和韵味。

鼎祥翡翠糯地翡翠手镯，
地子温润，色泽自然

冬瓜地小雕件

干白地翡翠手镯，
通透度较低

2.翡翠（无色）透明度级别划分规则

分级时不必测量待分级翡翠的实际单位透过率值，只需要将其与翡翠（无色）分级标样进行比对，即可得出透明度级别。其中，翡翠（无色）分级标样的单位透过率值已由光谱光度计测出，是一套已标定透明度级别的椭圆弧面型翡翠（无色）样品，依次代表由高到低的不同透明度级别。

1）若待分级翡翠的透明度与某一标样相同，则该标样的透明度级别为待分级翡翠的透明度级别。

2）若待分级翡翠的透明度介于相邻两件连续标样之间，则以其中较低透明度级别表示待分级翡翠的透明度级别。

3）若待分级翡翠的透明度高于标样的最高级别，仍用最高级别表示待分级翡翠的透明度级别。

4）若待分级翡翠的透明度低于标样的最低级别，仍用最低级别表示待分级翡翠的透明度级别。

二、翡翠（绿色）透明度分级

就有色翡翠而言，其颜色会对透明度产生一定影响。具有相同单位透过率的两块翡翠，无色者外观上比有色者更显透明，这也是中国人更偏爱绿色翡翠的由来。从鼎祥商号到鼎祥翡翠，再到归属于香港千年翠钻旗下，鼎祥翡翠带翠色的商品销量远远高于无色或其他色泽的翡翠。下面以带绿色的翡翠为例，说明有色翡翠的透明度分级，翡翠（紫色）、翡翠（红－黄色）的透明度分级参照翡翠（绿色）透明度分级的原则执行。

1.翡翠（绿色）透明度级别

《翡翠分级》（GB/T 23885－2009）根据翡翠（绿色）透明度的差异，将其划分为四个级别。透明度级别由高到低依次表示为透明（T_1）、亚透明（T_2）、半透明（T_3）、微透明－不透明（T_4）。透明度级别及表示方法见表4－6。

表4－6 翡翠（绿色）透明度级别及表示方法

透明度级别		肉眼观测特征	单位透过率参考值t（%）	商贸俗称（参考）
透明	T_1	反射观察：内部汇聚光较强 透射观察：大多数光线可透过样品，样品内部特征可见	t≥75	玻璃地
亚透明	T_2	反射观察：内部汇聚光弱 透射观察：部分光线可透过样品，样品内部特征尚可见	65≤t<75	冰地
半透明	T_3	反射观察：内部无汇聚光，仅可见少量光线透入 透射观察：少量光线可透过样品，样品内部特征模糊不可辨	55≤t<65	糯化地
微透明－不透明	T_4	反射观察：内部无汇聚光，难见光线透入 透射观察：微量～无光线可透过样品，样品内部特征不可见	t<55	冬瓜地－瓷地

瓷地玻璃地

冰地翡翠佛公

鼎祥翡翠出品的冰地翡翠佛瓜，模特在阳光下展示，俏丽的翠色更显质地透润

糯地翡翠，翠色很正、很匀

瓷地翡翠貔貅

2.翡翠(绿色)透明度级别划分规则

分级时不必测量待分级翡翠的实际单位透过率值，只需要将其与翡翠(绿色)分级标样进行比对，即可得出透明度级别。其中，翡翠(绿色)分级标样的单位透过率值已由光谱光度计测出，是一套已标定色调类别、彩度级别及透明度级别的椭圆弧面型翡翠(绿色)样品，依次代表由高到低的不同彩度级别及透明度级别。

1)若待分级翡翠的透明度与某一标样相同，则该标样的透明度级别为待分级翡翠的透明度级别。

2)若待分级翡翠的透明度介于相邻两件连续标样之间，则以其中较低透明度级别表示待分级翡翠的透明度级别。

3)若待分级翡翠的透明度高于标样的最高级别，仍用最高级别表示待分级翡翠的透明度级别。

4)若待分级翡翠的透明度低于标样的最低级别，仍用最低级别表示待分级翡翠的透明度级别。

3. 翡翠(绿色)透明度与颜色的关系

在翡翠的透明度和颜色的关系中，要注意所谓的“照映”的作用。照映是指在颜色不均匀的翡翠中，翡翠局部的颜色因光线的传播而“扩散”到绿色色斑范围外部位的现象。照映对颜色的影响，是通过光线的漫反射作用来达到的。照映对半透明翡翠尤为重要，它会将翡翠中色斑的绿色带到无色或浅色的区域，使翡翠的色斑扩大，改善颜色不均匀翡翠的视觉效果。例如，半透明的翡翠戒面中有一绿色色斑，其实颜色是不均匀的，但外观上看起来整个戒面都是绿色的，这就是照映的作用。如果翡翠不透明，就不会产生照映，翡翠过于透明也不利于照映。

三、翡翠透明度不均匀性评价

若待分级翡翠的透明度不均匀，且不均匀程度不可忽视时，应对其透明度特征进行说明。

翡翠挂件，蓝水部分为冰地，雕饱满如意；无色部分为糯地，雕桃子

鼎祥翡翠挂件，作为指定庆功奖品赠送给奥运冠军，翠色部分和无色部分都属于冰地，用俏色的方法巧雕成造型

第四节　翡翠质地分级

在《翡翠分级》(GB/T 23885－2009)中，质地指的是组成翡翠的矿物颗粒大小、形状、均匀程度及颗粒间相互关系等因素的综合特征。在中国人对翡翠的审美中，非常关注翡翠的质地，如港台及东南亚等地的翡翠品牌就非常注重翡翠质地对翡翠买家的影响，如千年翠钻鼎祥翡翠，经常在翡翠的销售中根据不同的质地对翡翠进行分级。在学术研究中，对翡翠的研究往往很关注翡翠的质地，因为翡翠的品质与其结构质地关系密切，如果组成翡翠的矿物粒度小，颗粒之间的孔隙也小，结合就致密，透明度就好，翡翠的外观就偏光泽温润；如果组成翡翠的矿物粒度大，而且明显，传统上称这种现象为“豆”，可见到颗粒而且透明度不佳的称“粗豆种”，粒度大但透明度较好的称“水豆”。一般来说，“豆”不是高档翡翠的属性。

一、翡翠的质地分级

《翡翠分级》(GB/T 23885－2009)根据翡翠质地的差异，将其划分为五个级别。质地级别由高到低依次表示为极细(Te_1)、细(Te_2)、较细(Te_3)、较粗(Te_4)、粗(Te_5)。在规定的环境下，由专业分级人员借助10

细—微粒，透明度好，底部有少许石花，玻璃地—冰地

倍放大镜或肉眼观察翡翠的结构特征，对翡翠的质地进行级别划分。质地级别及表示方法见表4－7。

表4-7　翡翠(无色)质地级别及表示方法

质地级别		肉眼观测特征	颗粒粒径d(mm)
极细	Te_1	质地非常细腻致密，10倍放大镜下难见矿物颗粒	d<0.1
细	Te_2	质地细腻致密，10倍放大镜下可见但肉眼难见矿物颗粒，粒径大小均匀	0.1≤d<0.5
较细	Te_3	质地致密，肉眼可见矿物颗粒，粒径大小均匀	0.5≤d<1.0
较粗	Te_4	质地较致密，肉眼易见矿物颗粒，粒径大小不均匀	1.0≤d<2.0
粗	Te_5	质地略松散，肉眼明显可见矿物颗粒，粒径大小悬殊	d≥2.0

若待分级翡翠的质地不均匀，且不均匀程度不可忽视时，应对其质地特征进行说明。

二、翡翠种质的行业划分

按传统的说法，翡翠中绿色以外的部分称为“地子”，也叫“地张”，地子的好坏体现在色、石性和水头三个方面，色指的是淡色的色调。石性是指棉、石花和纹理等，水头是透明程度。如果排除传统地子概念中关于颜色、石花的内容，就能建立更为简单的品质要素概念——种质。种质可定义为：翡翠的透明度与结构的组合。特定的透明度与结构的组合，就是一个种质类型，也有人把种质简称为“种”。

种质的好坏首先是通过透明度来认识的，一般来说，透明度越好，颗粒越细，种质越好。行业上将翡翠种质从优到差依次划分为玻璃地、冰地、藕粉地、水粉地、水豆地、冰豆地、粉地、豆地、瓷地和石地。

玻璃地：透明，细－微粒，种质细腻，无石花、石纹，如同玻璃；

冰地：透明，中－粗粒，外观上种质细腻，略有石花，如同冰凌；

藕粉地：亚透明，细粒，外观上种质细腻，如泡开的藕粉；

水粉地：半透明，细粒，外观上种质细腻，石花重，透明度较差；

水豆地：半透明，中－粗粒，外观上可见晶粒，但颗粒的界线模糊；

冰豆地：半透明，中－粗粒，外观上粒度大，晶粒明显；

粉地：微透明，细粒，外观上晶粒不明显；

豆地：微透明，中－粗粒，外观上晶粒明显可见；

瓷地：不透明，细粒，外观上透明度不好，如同瓷器；

石地：不透明，粗粒，外观上粒状结构清楚，如同石头。

中－粗粒，透明度较好，略有石花，如同冰凌，冰地

细粒，亚透明，如泡开的藕粉，藕粉地

鼎祥翡翠冰地佛公挂件，
雕工与质地相得益彰

细看这款鼎祥翡翠出品的冰地
挂件，有冰凌那种透爽的感觉，
是典型的冰地翡翠产品

细粒，半透明，石花
重，水粉地

鼎祥翡翠水粉地黄翡葫芦挂件，黄翡色泽搭配水粉质地，触觉温软

中—粗粒，微透明，外观上晶粒明显可见，豆地

细粒，不透明，外观上透明度不好，如同瓷器，瓷地

中—粗粒，半透明，外观上可见晶粒，但颗粒的界线模糊，水豆地

中—粗粒，半透明，外观上粒度大，晶粒明显，冰豆地

细粒，微透明，外观上晶粒不明显，粉地

第五节 翡翠净度分级

《翡翠分级》(GB/T 23885－2009)中将翡翠的内、外部特征对其美观和(或)耐久性的影响程度称为“净度”,净度是翡翠品质评价中的重要概念。行业中也称净度特征为“裂绺”,包括石花、黑点、翠性闪光、杂色的色带、石纹和裂纹等。

净度也是华人翡翠审美的关键之一,中国人自古有喜爱纯净通透的饰品的癖好,从白玉到翡翠,纯净无瑕的玉石被赋予了无数美好的寓意,在千年翠钻鼎祥翡翠、周生生等珠宝玉石销售商的销售数据中,净度较高的翡翠销售额占其翡翠销售的六成以上。

一、常见净度特征

《翡翠分级》(GB/T 23885－2009)将翡翠的净度特征分为内部特征和外部特征。其中,内部特征是指包含在或延伸至翡翠内部的天然内含物和缺陷,包括一些点状、絮状、块状的内含物、解理、纹理及一些裂纹,详见表4－8;外部特征指存在于翡翠外表的天然内含物和缺陷,主要指破口、刮伤、抛光纹,以及表面可见的解理、纹理和裂纹,详见表4－9。

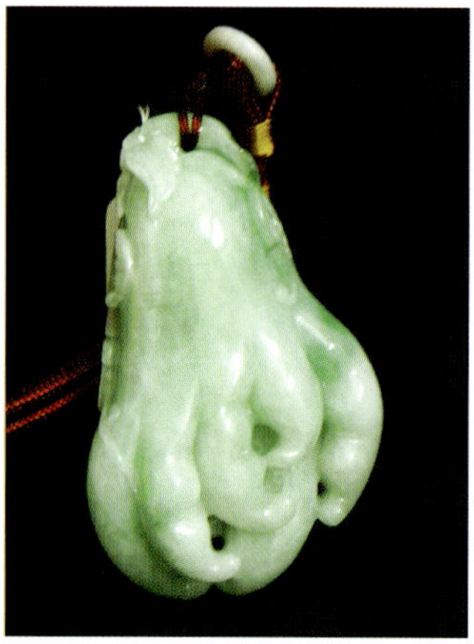

石纹

翡翠中的点状物

含有点状物的鼎祥翡翠挂件，属于很纯净的级别，蓝花翠色搭配纯净质地，色泽光感较强

翡翠中的絮状物

表4-8　翡翠常见内部特征类型

编号	名称	说　明
1	点状物	翡翠中的点状内含物，可呈白、灰白、黄、褐、黑等颜色
2	絮状物	翡翠中的棉絮状、丝网状内含物，主要呈白、灰白色，部分呈褐、黑等颜色
3	块状物	翡翠中的块状、团块状内含物，主要呈白、灰白色，部分呈褐、黑等颜色
4	解理	组成翡翠的矿物晶面和(或)解理面呈现的点状、片状闪光，俗称“翠性”
5	纹理	翡翠中由板状、柱状或片状矿物近于平行排列而呈现的纹相，俗称“石纹”
6	裂纹	翡翠中晶体的连续性和(或)完整性遭到破坏而产生的裂隙

表面有凹坑、破口

表面有凹坑、破口

表面有很细的划伤痕迹

表4-9 翡翠常见外部特征类型

编号	名称	说　明
1	破口	翡翠表面破损的小口
2	解理	组成翡翠的矿物晶面和(或)解理面呈现的点状、片状闪光,俗称“翠性”
3	刮伤	翡翠表面很细的划伤痕迹
4	抛光纹	抛光不当所致的细密线状痕迹,在同一方向上大致平行
5	纹理	翡翠中由板状、柱状或片状矿物近于平行排列而呈现的纹相,俗称“石纹”
6	裂纹	翡翠中晶体的连续性和(或)完整性遭到破坏而产生的裂隙

二、翡翠净度分级

《翡翠分级》(GB/T 23885－2009)根据翡翠净度的差异，将其划分为五个级别。净度级别由高到低依次表示为极纯净(C_1)、纯净(C_2)、较纯净(C_3)、尚纯净(C_4)、不纯净(C_5)。在规定的环境下，由专业分级人员肉眼观察翡翠的内、外部特征及其对翡翠美观和(或)耐久性的影响程度，对翡翠的净度进行级别划分。净度级别及表示方法见4－10。

表4-10　翡翠(无色)净度级别及表示方法

净度级别		肉眼观测特征	典型内、外部特征类型
极纯净	C_1	肉眼未见翡翠内外部特征，或仅在不显眼处有点状物、絮状物，对整体美观几乎无影响	点状物，絮状物
纯净	C_2	具细微的内、外部特征，肉眼较难见，对整体美观有轻微影响	点状物，絮状物
较纯净	C_3	具较明显的内、外部特征，肉眼可见，对整体美观有一定影响	点状物，絮状物，块状物
尚纯净	C_4	具明显的内、外部特征，肉眼易见，对整体美观和(或)耐久性有较明显影响	块状物，解理，纹理，裂纹
不纯净	C_5	具极明显的内、外部特征，肉眼明显见，对整体美观和(或)耐久性有明显影响	块状物，解理，纹理，裂纹

三、净度对饰品的影响

对于素身翡翠饰品(手镯、戒面、平安扣、心形坠等)来说，有裂纹者应回避购买；而有石花、黑点等瑕疵者，应视其位置、反差的大小和在整个饰品上所占的比例应有相应的折扣。另外，行业中有“无绺不雕花”的说法，一块翡翠之所以设计成花件，根本原因就是为了“挖脏避绺”。所以，购买翡翠花件时，对雕花的地方一定要仔细观察，凡是有花的地方，下面很可能藏着裂纹。

翡翠俏雕摆件“大丰收”，材料应
用较好，颜色取舍恰当

近年来，随着翡翠雕刻技艺的成熟和现代化，特别是翡翠从业者的行业自律，减少了“挖脏避绺”现象的出现，大多数港台等地的翡翠销售商如鼎祥翡翠等，一般多向消费者供应较少或微小瑕疵的翡翠成品，在一定程度上减少了消费者购买翡翠饰品的后顾之忧。

鼎祥翡翠出品的珠串，不仅各珠色泽相近或相同，且每一粒都是极纯净或纯净的翡翠

第六节　翡翠的工艺评价

翡翠的工艺与其他品质要素不同，是翡翠材料制成成品之后才被赋予的，与钻石评价中的“切工”相似，但内容更多一些，包括材料应用设计和加工工艺两个方面。其中，加工工艺又包括磨制（雕琢）工艺评价和抛光工艺。《翡翠分级》（GB/T 23885－2009）规定，对翡翠工艺只作评价，不作分级。

历来翡翠加工工艺和技巧都是翡翠业界的不传之秘，曾有“千金不传”的说法，究其原因，多是因为翡翠加工技巧需要大量的实践经验积累，一般人难窥个中奥妙。在千年翠钻鼎祥翡翠近一个世纪的发展历程中，其出品的翡翠饰品多以珍料精工获得买家好评，这其中，多位经验丰富的玉石雕刻大师倾注了无数的心血，也正是因为他们，才有了许多翡翠工艺佳品的出现，同时对《翡翠分级》国家标准的制定，也添定了大量的实践脚注。

一、翡翠材料应用设计总体要求

1.翡翠材料应用的总体要求

材质、颜色取舍恰当，翡翠的内、外部特征处理得当，量料取材，因材施艺。

翡翠俏雕摆件“吉星高照”，材料设计佳，雕琢福、禄、寿三星相聚，寓意大展宏图

同体积庞大的摆件不同，这款鼎祥翡翠佛公挂件，巧妙利用了仔料里渐变俏丽的绿翠色和厚重凝固的黄翡色，让整个佛公的姿态显得生动活泼，纹理细腻入微，迎合了国人的“佛光”心理，可谓翡翠雕饰材料颜色运用的神来之作

2.翡翠材料设计的总体要求

主题鲜明，造型美观，构图完整，比例协调，结构合理，寓意美好。

二、翡翠加工工艺总体要求

1.翡翠磨制工艺的总体要求

轮廓清晰，层次分明，线条流畅，点面精准，细部特征处理得当。

2.翡翠抛光工艺的总体要求

抛光到位，平顺、光亮。

翡翠观音，纹饰精细，设计较好

翡翠观音，面部表情略显呆板，设计一般

这款鼎祥出品的翡翠佛雕件，在模特手中可见清晰佛像面部表情，自然入微，整体形象跃然灵动

翡翠佛，面部表情呆板、生硬，设计较差

翡翠佛，面部表情活灵活现，设计较好

这块鼎祥翡翠“雄心壮志”，雕有巨熊怀抱翠竹，在鼎祥翡翠雕刻大师的刀下，动物的肌理和毛发都清晰可辨，给一块不会说话的石头赋予了美好的想像力和生命力

翡翠挂件“冠上加冠”，磨制工艺好，轮廓清晰，线条流畅，细部特征处理得当

翡翠葫芦挂件，抛光较差，表面起伏不平

翡翠葫芦挂件，抛光好，表面平顺、光亮

三、翡翠工艺评价及表述方法

从颜色、透明度、质地、净度四个方面对翡翠分级是对翡翠材质的评价，决定翡翠价值的因素除翡翠自身材质之外还存在另一个重要方面，即翡翠的加工工艺。标准中给出了工艺评价的总体原则，工艺评价包括材料应用设计评价和加工工艺评价两个方面（表4－11）。

按照标准中的分级规则对翡翠的颜色、透明度、质地、净度四个要素进行分级，可以得出相应分级结论；根据标准中的加工工艺评价原则对翡翠的选材应用、设计、磨制、抛光四个方面进行评述，可以做出相应的工艺评价。完成上述两方面的工作，即完成了翡翠分级的工作。分级过程中遇到的个别情况，和其他重要信息可在备注中进行说明。

表4-11 翡翠工艺评价及表述方法

品质因素		肉眼观测特征	评价结论
材料应用设计	材料应用	材质、颜色与题材配合贴切，用料干净正确，内外部特征处理得当	材料取舍得当
		材质、颜色与题材配合基本贴切，用料基本正确，内外部特征处理欠佳，局部有较明显缺陷，轮廓清晰	材料取舍欠佳
		材质、颜色与题材配合失当，用料有明显偏差，内外部特征处理失当，影响整体美观	用料不当
	设计	造型烘托材料材质颜色美，比例恰当，布局合理，层次清晰，安排得体	造型优美，比例协调
		基本按材料材质颜色特点设计造型，比例基本正确，布局主次不够鲜明，安排欠妥	造型美观，比例基本协调
		未按材料材质颜色特点设计造型，比例失调，布局紊乱，安排失当	造型呆板，比例失调
加工工艺	磨制工艺	轮廓清晰，层次分明，线条流畅，点线面刻画精准，细部处理得当	雕琢精准细腻
		轮廓清楚，线条顺畅，点线面刻画精准，细部处理欠佳	雕琢细致，局部欠佳
		形象失态，线条梗塞，点线面刻画不准确，整体处理欠佳	雕琢较粗糙
	抛光工艺	表面平顺光滑，亮度均匀，无抛光纹、折皱及凹凸不平	抛光到位，均匀平顺
		表面较平顺，亮度欠均匀，局部有抛光纹、折皱或凹凸不平	抛光基本到位，较均匀平顺
		表面不平顺，亮度不均匀，有抛光纹、折皱，局部凹凸不平	抛光较粗糙

参考文献

姚锁柱，钱天宏.缅甸翡翠矿产简介[J].珠宝科技，1998(2)

奥岩.翡翠鉴赏[M].北京：地质出版社，2004

杨伯达.巫玉之光(中国史前玉文化论考)[M].上海：上海古籍出版社,2005

张蓓莉.系统宝石学(第二版)[M].北京：地质出版社，2006

徐军.翡翠赌石技巧与鉴赏[M].昆明：云南美术出版社，2006

古方，李红娟. 古玉之美[M].济南：山东人民出版社，2008

袁心强.应用翡翠宝石学[M].武汉：中国地质大学出版社，2009

包德清，杨明星.翡翠商贸[M].武汉：中国地质大学出版社，2010